高等数学教学法的理论与创新研究

董庆超 ◎ 著

吉林出版集团股份有限公司

图书在版编目（CIP）数据

高等数学教学法的理论与创新研究 / 董庆超著 . —
长春：吉林出版集团股份有限公司，2023.8
ISBN 978-7-5731-4233-7

Ⅰ . ①高… Ⅱ . ①董… Ⅲ . ①高等数学—教学研究
Ⅳ . ① 013

中国国家版本馆 CIP 数据核字（2023）第 176279 号

高等数学教学法的理论与创新研究

GAODENG SHUXUE JIAOXUEFA DE LILUN YU CHUANGXIN YANJIU

著　　者	董庆超	
出版策划	崔文辉	
责任编辑	孙骏骅	
封面设计	文　一	

出　　版　吉林出版集团股份有限公司

　　　　　（长春市福祉大路 5788 号，邮政编码：130118）

发　　行　吉林出版集团译文图书经营有限公司

　　　　　（http：//shop34896900.taobao.com）

电　　话　总编办：0431-81629909　营销部：0431-81629880/81629900

印　　刷　廊坊市广阳区九洲印刷厂

开　　本　710mm×1000mm　　1/16

字　　数　220 千字

印　　张　13

版　　次　2023 年 8 月第 1 版

印　　次　2023 年 8 月第 1 次印刷

书　　号　ISBN 978-7-5731-4233-7

定　　价　78.00 元

前　言

随着我国经济水平的提高，我国高等教育领域发展较为迅速，高校作为培养综合型人才的主要场所，其教育教学水平将会对我国人才质量产生直接影响。高校教育教学工作中，高等数学作为高校学生必修课程之一，此类课程具有公共性与复杂性，部分学生在数学领域缺乏天赋，难以对高等数学课程产生兴趣。除此之外，部分文管类学生认为高等数学课程与专业联系不大，从而忽视此类课程的学习。

高等数学是所有高校都设置的一门必修课，其开设的目的是让学生掌握高等数学的基本知识；培养学生辩证的思维意识和数学素养；提高学生的抽象思维能力、严密的逻辑推理能力及运用数学知识解决实际问题的能力；为专业课的学习打下必要的数学基础，并为学生继续学习和可持续发展奠定基础。但是，高等数学又是大学新生普遍认为比较难的一门课程，在众多课程中其不及格率也是比较高的。与高中数学相比，其内容多，逻辑性强，较抽象。很多大学生在开始接触这门课时常常会感到茫然。

本书主要研究高等数学教学法的理论和创新方面的问题，涉及丰富的数学知识。主要内容包括高等数学教学的基本理论、高等数学教学的必要性、高等数学教学方法研究、数学文化与大学数学教学的融合、高等数学教学中学生能力的培养、高等数学课堂教学研究、高等数学的教学方法改革策略、高等数学教学创新研究等。本书涉及面广，实用性强，帮助读者能理论结合实践，获得知识的同时掌握技能，理论与实践并重，并强调理论与实践相结合。本书兼具理论与实际应用价值，可供相关教育工作者参考和借鉴。

由于笔者水平有限，本书难免存在不妥甚至谬误之处，敬请广大学界同仁与读者朋友批评指正。

目　录

第一章　高等数学教学的基本理论

第一节　数学教学的发展概论

21 世纪是一个科技快速发展，国际竞争日益激烈的时代，科技竞争归根结底是人才的竞争。培养和造就高素质的科技人才已经成为全世界各国教育改革中的一个非常重要的目标。我国适时地在全国范围内开展了新课程改革运动。社会在发展，科技在进步，大学是培养高素质人才的摇篮，大学数学教育也必须满足社会快速发展的需要。所以新课程的教育理念、价值及内容都在不断地进行变革。

一、教学论的发展历史

数学课常使人产生一种错觉：数学家几乎理所当然地在制定一系列的定理，使得学生被淹没在成串的定理中。从课本的叙述中，学生根本无法感受到数学家所经历的艰苦漫长的求证道路，感受不到数学真正的美。而通过数学史，教师可以让学生明白：数学并不枯燥呆板，而是一门不断进步的生动有趣的学科。所以，在数学教育中应该有数学史表演的舞台。

（一）东方数学发展史

在东方国家中，数学在古中国的摇篮里逐渐成长起来，中国的数学水平可以说是数一数二的，是东方数学的研究中心。

古人的智慧不容小觑，在祖先的逐步摸索中，我们见识了老祖宗从结绳记事到"书契"，再到写数字，在原始社会，每一个进步都要间隔上百年乃至上千年。春秋时期，祖先能够书写 3000 以上的数字。逐渐地，他们意识到了仅仅是能够书写数字是不够的，于是便产生了加法与乘法的萌芽。与此同时，数学开始出现在书籍上。

战国时期则出现了四则运算，《荀子》《管子》《周逸书》中均有不同程度的记载。乘除的运算在公元 3 世纪的《孙子算经》中有了较为详细的描述。现在多有运用的勾股定理亦在此时出现。算筹制度的形成大约在秦汉时期，筹的出现可谓中国数学史上的一座里程碑，在《孙子算经》中有记载其具体算数的方法。

《九章算术》的出现可以说将中国数学的发展推到了一个高峰。它是古中国第一部专门阐述数学的著作，是"算经十书"中最重要的部分。后世的数学家在研习数学时，多以《九章算术》启蒙。数学在隋唐时期就传入了朝鲜、日本。其中最早出现了负数的概念，远远领先于其他国家。遗憾的是，从宋末到清初，由于战争的频繁，统治的思想理念等种种原因，中国的数学走向了低谷。然而，在此期间，西方的数学迅速发展，西方数学的成长将我国数学甩得很远。不过，我国也并非止步不前，至今很多人还在用的算盘出现在元末，随之出现了很多口诀及相关书籍。算盘，是数学历史上一颗灿烂的明珠。

16 世纪前后，西方数学被引入中国，中西方数学开始有了交流，然而好景不长，清政府闭关锁国的政策让中国的数学家再一次坐井观天，只得对之前的研究成果继续钻研。清末发生了几件大事，鸦片战争失败，洋务运动兴起，让数学中西合璧，此时的中国数学家虽然也收获了一些成就，如幂级数等，然而中国已不再独占鳌头。19 世纪末 20 世纪初，出现了留学高潮，代表人物有陈省身、华罗庚等人。此时的中国数学，已经带有了现代主义色彩。新中国成立以后，我国百废待兴，随着郭沫若先生《科学的春天》的发表，数学才开始有了起色，我国的数学水平已然落后于世界。

（二）西方数学发展史

古希腊是四大文明古国之一，其数学发展在当时可谓万众瞩目。学派是当时数学发展的主流，各学派做出的突出贡献改变了世界。最早出现的学派是以泰勒斯为代表的爱奥尼亚学派，其后是以毕达哥拉斯为代表的毕达哥拉斯学派，还有以芝诺为代表的悖论学派。在雅典有柏拉图学派，柏拉图推崇几何，并且培养出许多优秀的学生，较为人熟知的有亚里士多德，亚里士多德的贡献并不比他的老师少。亚里士多德创办了吕园学派，逻辑学即为吕园学派所创立，同时也为欧几里得的《几何原本》奠定了基础。《几何原本》是欧洲数学的基础，被认为是历史上最成功的教科书，在西方的流传广度仅次于《圣经》。它将逻辑推理的形式贯穿全书。哥白尼、伽利略、笛卡儿、牛顿等数学家都受《几何原本》的影响，而创造出了伟大的成就。

现今，我们在计数时普遍用的是阿拉伯数字。阿拉伯数学于 8 世纪兴起，15 世纪衰落，是伊斯兰教国家建立的数学，阿拉伯数学的主要成就有一次方程解法、三次方程几何解法、二项展开式的系数等。在几何方面：13 世纪时，纳速拉丁首先从天文学里把三角分割出来，让三角学成为一门独立的学科。从 12 世纪时起，阿拉伯数学渐渐渗透到了西班牙和欧洲。而 1096 年到 1291 年的十字军远征，让希腊、印度和阿拉伯人的文明，中国的四大发明传入了欧洲，意大利由于有利的地理位置从而迎来了新时代。

到了 17 世纪，数学的发展发生了质的飞跃，笛卡儿在数学中引入了变量，成为数学史上的一个重要转折点；英国科学家和德意志数学家分别独立创建了微积分。继解析几何创立后，数学从此开拓了以变数为主要研究方向的新领域，它就是我们所熟知的"高等数学"。

（三）数学发展史与数学教学活动的整合

在计数方面，中国采用算筹，而西方则运用了字母计数法。不过受文字和书写用具的约束，各地的计数系统有很大差异。希腊的字母数系简明、方便，蕴含了序的思想，但在变革方面很难有所提升，因此希腊实用算数和代数长期落后，而算筹在起跑线上占得了先机。不过随着时代的进步，算筹的不足之处也表露出来。可见要用辩证的思想来看待事物的发展。自古以来，我国是农业大国，数学也基本上为农业服务，《九章算术》所记录的问题大多与农业相关。而中国古代等级制度森严，研究数学的大多是一些官职人员，人们逐渐安于现状，而统治者为了巩固朝政，也往往扼杀了一些人的先进思想。数学的发展与国家的繁荣昌盛息息相关。在西方，数学文化始终处于主导地位。随着经济的发展需要，对计算的要求日渐提高，富足的生活使得人们有更多的时间从事一些理论研究，各个学派的学者乐于思考问题解决问题，不同于东方的重农抑商，西方在商业方面大大推动了数学的发展。

1. 数学史有助于教师和学生形成正确的数学观

纵观数学历史的发展，数学观经历了由远古的"经验论"到欧几里得以来的"演绎论"，再到现代的"经验论"与"演绎论"相结合而致"拟经验论"的认识转变过程。数学认识的基本观念也发生了根本的变化，由柏拉图学派的"客观唯心主义"发展到了数学基础学派的"绝对主义"，又发展到拉卡托斯的"可误主义""拟经验主义"以及后来的"社会建构主义"。

因此，教师要为学生准备的数学，也就是教师要进行教学的数学就必须是：作为整体的数字，而不是分散、孤立的各个分支。数学教师所持有的数学观，与他在数学教学中的设计思想、与他在课堂讲授中的叙述方法以及他对学生的评价要求都有紧密的联系。数学教师传递给学生的任何一些关于数学及其性质的细微信息，都会对学生今后认识数学，以及数学在他们生活中的作用产生深远的影响，也就是说，数学教师的数学观往往会影响学生数学观的形成。

2. 数学史有利于学生从整体上把握数学

数学教材的编写由于受诸多限制，教材往往按定义—公理—定理—例题的模式编写。这实际上是将表达的思维与实际的创造过程颠倒了，这往往给学生形成一种错觉：数学几乎从定理到定理，数学的体系结构完全经过锤炼，已成定局。数学彻底地被人为地分为一章一节，好像成了一个个相对独立的堡垒，各种数学思想与方法之间的联系几乎难以找到。与此不同，数学史中对数学家的创造思维活动过程有着真实的历史记录，学生从中可以了解到数学发展的历史长河，鸟瞰每个数学概念、数学方法与数学思想的发展过程，把握数学发展的整体概貌。这可以帮助学生把握自己所学知识在整个数学结构中的地位、作用，便于学生形成知识网络，形成科学系统。

3. 数学史有利于激发学生的学习兴趣

兴趣是推动学生学习的内在动力，决定着学生能否积极、主动地参与学习活动。笔者认为，如果能在适当的时候向学生介绍一些数学家的趣闻逸事或一些有趣的数学现象，无疑会激发学生学习兴趣。如阿基米德专心于研究数学问题而丝毫不知死神的降临，当敌方士兵用剑指向他时，他竟然只要求等他把还没证完的题目完成了再害他。又如当学生知道了如何作一个正方形，使其面积等于给定正方形两倍后，告诉他们倍立方问题及其神话中的起源——只有造一个两倍于给定祭坛的立方祭坛，太阳神阿波罗才会息怒。这些史料的插入，无疑会让学生体会到数学并不是一门枯燥呆板的学科，而是一门不断进步的生动有趣的学科。

4. 数学史有利于培养学生的思维能力

数学史在数学教育中还有着更高层次的运用，那就是在学生数学思维的培养上。"让学生学会像数学家那样思维，是数学教育所要达到的目的之一。"数学一直被看成是思维训练的有效学科，数学史则为此提供了丰富而有力的材料。如，我们知道毕氏定理有 370 多种证法，有的证法简洁快速，让人拍案叫绝；有的证法迂回曲折，让人豁然开朗。每一种证法，都是一条思维训练的有效途径。如球体积公式的推导，除我国数学家祖冲之的截面法外，还有阿基米德的力学法和旋转体逼近法、开普勒的棱锥求和法等。这些数学史实的介绍都是非常有利于拓宽学生视野、培养学生全方位的思维能力的。

5. 数学史有利于提高学生的数学创新精神

数学素养是作为一个有用的人应该具备的文化素质之一。米山国藏曾指出：学生们在初中、高中接受的数学知识，因毕业进入社会后几乎没有什么机会，所以通常是出校门后不到一两年，很快就忘掉了。然而不管他们从事什么业务工作，那些深刻地铭刻于头脑中的数学精神、数学思维方法、数学研究方法、数学推理方法和着眼点等，却随时随地产生作用，使他们受益终身。

数学史是穿越时空的数学智慧。说它穿越时空，是因为它历史久远而涉及的地域辽阔无疆。就中国数学史而言，在《易·系辞》中就记载着："上古结绳而治，后世圣人易之以书契。"据考证，在殷墟出土的甲骨文卜辞中出现的最大的数字为三万；作为计算工具的"算筹"，其使用则在春秋时代就已经十分普遍……列述这些并非要费神去探寻数学发展的足迹，而是为了说明一个事实，数学的诞生和发展是紧密地伴随着中华民族的精神、智慧的诞生和发展的。

将数学发展史有计划、有目的、和谐地与数学教学活动进行整合是数学教学中的一项细致、深入而系统的工作，而非将一个数学家的故事或是一个数学发展史中的曲折事例放到某一个教学内容的后面那么简单。数学史要与教学内容在思想、观念上，从整体上、技术上保持一致性。学习研读数学史将使我们获得思想上的启迪、精神上的陶冶，因为数学史不仅能体现数学文化的丰富内涵、深邃思想、鲜明个性，而且还能从科学的思维方式、思想方法、逻辑规律等角度，培养人们科学睿智的智慧和头脑。数学史是丰富的、充盈的、智慧的、凝练的和深刻的，数学史在中学数学教学中的结合和渗透，是当前中学数学教学特别是高中数学教学应给予重视和认真落实的一项教学任务。

二、我国数学教学的改革概况

高等数学作为一门基础学科，已经广泛渗透到自然科学和社会科学的各个分支，为科学研究提供了强有力的手段，使科学技术获得了突飞猛进的发展，也为人类社会的发展创造了巨大的物质财富和精神财富。高等数学作为高校的一门必修基础课程，为学生学习后续的专业课程和解决现实生活中的实际问题提供了必备的数学基础知识、方法和数学思想。近年来，虽然高等数学课程的教学已经进行了一系列的改革，但受传统教学观念的影响，仍存在一些问题，这就需要教育工作者，尤其是数学教育工作者，在这方面进行不懈的探索、尝试与创新。

（一）高校高等数学教学的现状

（1）学生的学习水平和能力参差不齐。

（2）教师对数学的应用介绍得不到位，与现实生活严重脱节，甚至没有与学生后继课程的学习做好衔接，从而给学生一种"数学没用"的错觉。

（3）高校在高等数学教学中教学手段相对落后，很多教师抱着板书这种传统的教学手段不放，在课堂上不停地说、写和画，总怕耽误了课程进度。在这种教学方式的束缚下，学生思考和理解很少，不少学生面对复杂、冗长的概念、公式和定理望而生畏，难以接受，渐渐地，教学缺乏了互动性，学生也失去了学习的兴趣。

（二）高等数学教学的改革措施

1.高等数学与数学实验相结合，激发学生的学习兴趣

传统的高等数学教学中只有习题课，没有数学实验课，这不利于培养学生利用所学知识和方法解决实际问题的能力。如果高校开设数学实验课，有意识地将理论教学与学生上机实践结合起来，变抽象的理论为具体的实践，使学生由被动接受转变为积极主动参与，激发学生学习本课程的兴趣，培养学生的创造精神和创新能力。在实验课的教学中，可以适量介绍 MATLAB、MATHEMATICA、

LINGO、SPSS、SAS 等数学软件，使学生在计算机上学习高等数学，加深对基本概念、公式和定理的理解。比如，教师可以通过实验演示函数在一点处的切线的形成，以加深学生对导数定义的理解；还可以通过在实验课上借助 MATHEMATICA 强大的计算和作图功能，来考查数列的不同变化情况，从而让学生对数列的不同变化趋势获得较为生动的感性认识，加深对数列极限的理解。

2. 合理运用多媒体辅助教学方式，丰富教学方法

我国已经步入大众化的教育阶段，在高校高等数学课堂教学信息量不断增大，而教学课时不断减少的情况下，利用多媒体进行授课便成为一种新型的和卓有成效的教学手段。

利用多媒体技术服务于高校的高等数学教学，改善了教师和学生的教学环境，教师不必浪费时间用于抄写例题等工作，将更多的精力投入教学的重点、难点的分析和讲解中，不但增加了课堂上的信息量，还提高了教学效率和教学质量。教师在教学实践中采用多媒体辅助教学的手段，创设直观、生动、形象的数学教学情景，通过计算机图形显示、动画模拟、数值计算及文字说明等，形成了一个全新的图文并茂、声像结合、数形结合的教学环境，加深了学生对概念、方法和内容的理解，有利于激发学生的学习兴趣和思维能力，从而改变了以前较为单一枯燥的讲解和推导的教学途径，使学生积极主动地参与到教学过程中。例如，教师在引入极限、定积分、重积分等重要概念，介绍函数的两个重要极限，切线的几何意义时，不妨通过计算机作图对极限过程做一下动画演示；讲函数的傅立叶级数展开时，通过对某一函数展开次数的控制，观看其曲线的拟合过程，学生会很容易接受。

3. 充分发挥网络教学的作用，建立教师辅导、答疑制度

随着计算机和信息技术的迅速发展，网络教学的作用日益重要，逐渐成为学生日常学习的重要组成部分。教师的教学网站、校园教学图书馆等，是学生经常光临的第二课堂。每个学生都可以上网查找、搜索自己需要的资料，查看教师的电子教案，并通过电子邮件，网上教学论坛等相互交流与探讨。教师可以将电子教案、典型习题解答、单元测试练习、知识难点解析、教学大纲等发布到网站上供学生自主学习，还可以在网站上设立一些与数学有关的特色专栏，向学生介绍一些数学史知识、数学研究的前沿动态以及数学家的逸闻趣事，激发学生学习数学的兴趣，启发学生将数学中的思想和方法自觉应用到其他科学领域。

对于学生在数学论坛、教师留言板中提出的问题，教师要及时解答，并抽出时间集中辅导共同探讨，通过形成制度和习惯，强化教师的责任意识，引导学生深入钻研数学内容，这对学生学习的积极性和教学效果有着重要影响。

4.在教学过程中引入专业知识

如果高等数学教学中只是一味地讲授数学理论和计算，而对学生后继课程的学习置若罔闻，就会使学生感到厌倦，学习积极性就不高，教学质量就很难保证。任课教师可以结合学生的专业知识进行讲解，培养学生运用数学知识分析和处理实际问题的能力，进而提升学生的综合素质，满足后继专业课程对数学知识的需求。比如，教师在机电类专业学生的授课中，第一堂课就可以引入电学中几个常用的函数；在导数概念之后立即介绍电学中几个常用的变化率（如电流强度）模型的建立；作为导数的应用，介绍最大输出功率的计算；在积分部分，加入功率的计算；等等。

总之，高等数学教学有自身的体系和特点，任课教师必须转变自己的思想，改进教学方法和途径，提高教学质量，充分发挥高等数学在人才培养中的作用。

三、我国基础教育数学课程改革概要

改革开放以来，我国社会主义建设取得了巨大成就和发展。我国教育进入了新的发展阶段，不仅实现了高等教育大众化，中等教育、高等数学教育也陆续取得好的发展，基础教育更是受到国家和政府的重视。但是，在取得成就之时，我国教育也产生了一些问题，于是教育改革逐渐进入人们的视野。近些年，我国对基础教育的新课程改革引起了教育界和社会的很大关注。加快构建符合当下素质教育要求的基础教育新课程也自然成为全面推进基础教育及素质教育发展的关键环节。回顾近十年来我国对基础教育的新课程改革，既取得了可喜的成就，也体现出一些问题，这就需要我们在改革的同时不断回顾思考，以取得更大的进步。

（一）基础教育新课程改革的成就

新课程改革在课程开发、课程体系和内容等方面进行了较大调整，更好地来适应学生对知识的掌握和课程的学习巩固。在课程开发方面，新课程改革明确了课程开发的三个层次：国家、地方和学校。国家总体规划并制定课程标准。地方依据国家课程政策和本地实际情况，规划地方课程。学校则根据自身的办学特点和资源条件，调动校长、教师、学生、课程专家等共同参与课程计划的制订、实施和评价工作。在课程体系方面，新课程改革表现为均衡性、综合性和选择性。设置的九年义务教育课程中，教育内容进行了更新，减少了课程门类，更加重视学科综合，并构建社会科学与自然科学等综合课程，如在普通高中阶段设置的语言与文学、数学、人文与社会、科学、技术、艺术、体育与健康和综合实践活动八个学习领域。

新课程改革集中体现了"以人为本""以学生为本"。新课改强调学习者自己积极参与并主动建构。在对知识建构的过程中，强调对学生主动探究的学习方法的倡导，使学生在新课程中不再是传统教育中的完全被动接受者，而是转为真正意义上的知识建构者和主动学习者。教师在学生学习的过程中不再是外在的专制者，而是促进学生掌握知识的引导者和合作者。这种平等和谐的师生互动以及生生互动都极好地促进了学生对于课程的学习和对知识的掌握，也更好地推动了教学的开展实施。

新课程改革不仅强调学生对于知识的掌握，而且开始重视学生的品德发展，做到科学与人文并重，并注重对学生个性的培养发展。新课程改革在素质教育思想的指导下，对学生的评价内容从过分注重学业成绩转向注重多方面发展的潜力，关注学生的个别差异和发展的不同需求，力求促进每位学生的发展能与自己的志趣相联系。

（二）基础教育新课程改革的问题

（1）新课程改革的课程体系略有些复杂，这在一定程度上不利于部分教师对新课程的把握和讲解，尤其是一些老教师。面对新课程改革，部分教师表示不很顺手，甚至会陷入行动的"盲区"，教师要花费更多的时间精力研究新课改，适应新课改的教学方法。

（2）由于新课程改革强调学生主体地位的加强，强调师生关系的平等性，这也使部分教师一时无法适应角色的转变，在具体的课堂教学中，短时间内并不能很好地将其运用于实践。

（3）在教师培养方面，目前师范院校的毕业生不能马上上岗，需培训1~2年，并且他们能否承担起实施新课程的任务，这也还是一大考验。而当前我国对高素质高能力教师的需求又比较大，因此在新课改实施过程中，教师的入职成为一大问题。

（三）基础教育新课程改革的建议

（1）面对新课程改革，教师不仅要丰富知识，还应该不断充实自我，逐渐改变以往的教学观念和教学方法。教师要从过去对知识的权威和框架限制中走出来，在课堂上真正地和学生共同学习共同探讨，重视研究型学习。学校要重视广纳贤才。学校领导班子在认真分析本校教师素质状况的基础上，可以为教师组织新课程培训，以强化教师理论学习，并能在实践中领会贯彻新课程改革精神，融会贯通。学校可以组织教师观看新课程影碟观摩课，派骨干教师走出去参加培训学习，在全校范围内开展走进新课程的大讨论、演讲比赛，也可以相应开展一些教师论坛，讨论教师对新课改的认识和体会等。

（2）对于部分落后的农村地区以及条件设施差的学校，新课程改革还不能很好地开展实施。这种情况下，这些学校一方面可以向上级政府和教育主管部门申请教学资金，另一方面要鼓励广大师生积极行动起来，自己能做的教具学具就自己做，互帮互助，资源共享，以便更好地改善办学条件，推动新课改的实施。

基础教育新课程改革强调建立能充分体现学生学习主体性和能动性的新型学习方式，这不仅有利于学生的全面发展，而且很好地适应了我国素质教育的要求。在基础教育新课程改革这条道路上，我们要不断地回顾思考并总结完善，以使新课改走得更远更强。

第二节 弗赖登塔尔的数学教育思想

一、弗赖登塔尔数学教育思想的认识

弗赖登塔尔的数学教育思想主要体现在对数学的认识和对数学教育的认识上。他认为数学教育的目的应该是与时俱进的，并应针对学生的能力来确定；数学教学应遵循创造原则、数学化原则和严谨性原则。

（一）弗赖登塔尔对数学的认识

1.数学发展的历史

弗赖登塔尔强调："数学起源于实用，它在今天比以往任何时候都更有用。但其实，这样说还不够，我们应该说：倘若无用，数学就不存在了。"从其著作的论述中我们可以看到，任何数学理论的产生都有其应用需求，这些"应用需求"对数学的发展起到了推动作用。弗赖登塔尔强调："数学与现实生活的联系，其实也就要求数学教学从学生熟悉的数学情景和感兴趣的事物出发，从而更好地学习和理解数学，并要求学生做到学以致用，利用数学来解决实际问题。

2.现代数学的特征

（1）数学的表达。弗赖登塔尔在讨论现代数学特征的时候首先指出它的现代化特征是："数学表达的再创造和形式化的活动。"其实数学是离不开形式化的，数学更多时候表达的是一种思想，具有含义隐性、高度概括的特点，因此需要这种含义精确、高度抽象、简洁的符号化表达。

（2）数学概念的构造。弗赖登塔尔指出，数学概念的构造是从典型的通过"外延性抽象"到实现"公理化抽象"。现代数学越来越趋近于公理化，因为公理化抽象对事物的性质进行分析和分类，能给出更高的清晰度和更深入的理解。

（3）数学与古典学科之间的界限。弗赖登塔尔认为："现代数学的特点之一是它与诸古典学科之间的界限模糊。"首先现代数学提取了古典学科中的公理化方法，然后将其渗透到整个数学中；其次是数学也融入别的学科之中，其中包括一些看起来与数学无关的领域也体现了一些数学思想。

（二）弗赖登塔尔对数学教育的认识

1.数学教育的目的

弗赖登塔尔围绕数学教育的目的进行了研究和探讨，他认为数学教育的目的应该是与时俱进的，而且应该根据学生的能力来确定。他特别研究了以下几个方面：

（1）应用

弗赖登塔尔认为："应当在数学与现实的接触点之间寻找联系。"而这个联系就是数学应用于现实。数学课程的设置也应该与现实社会联系起来，这样学习数学的学生才能够更好地走进社会。其实，从现在计算机课程的普及可以看出弗赖登塔尔这一看法是经得起实践考验的。

（2）思维训练

弗赖登塔尔对"数学是不是一种思维训练"这一问题感到棘手，尽管其意愿的答案是肯定的。但更进一步，他曾给大学生和中学生提出了许多数学问题，其测试的结果是，在受过数学教育以后，对那些数学问题的看法、理解和回答均大有长进。

（3）解决问题

弗赖登塔尔认为：数学之所以能够得到高度的评价，其原因是它解决了许多问题。这是对数学的一种信任。而数学教育自然就应当把"解决问题"作为其又一目的，这其实也是实践与理论的一种结合。其实从现在的评价与课程设计中都可以看出这一数学的教育目的。

2. 数学教学的基本原则

（1）再创造原则。弗赖登塔尔指出："将数学作为一种活动来进行解释和分析，建立这一基础之上的教学方法，我称之为再创造方法。"再创造是整个数学教育最基本的原则，适用于学生学习过程的不同层次，应该使数学教学始终处于积极、发现的状态。笔者认为"情景教学"与"启发式教学"就遵循了这么一种原则。

（2）数学化原则。弗赖登塔尔认为：数学化不仅仅是数学家的事，而且也应该被学生所学习，用数学化组织数学教学是数学教育的必然趋势。他进一步强调："没有数学化就没有数学，特别是没有公理化就没有公理系统，没有形式化也就没有形式体系。"这里，可以看出弗赖登塔尔对夸美纽斯倡导的"教一个活动的最好方法是演示，学一个活动最好的方法是做"是持赞同意见的。

（3）严谨性原则。弗赖登塔尔将数学的严谨性定义为："数学可以强加上一个有力的演绎结构，从而在数学中不仅可以确定结果是否正确，而且甚至可以确定结果是否已经正确地建立起来。"而且严谨性是相对于具体的时代、具体的问题来进行判断；严谨性有不同的层次，每个问题都有相应的严谨性层次，要求老师教学生通过不同层次的学习来理解并获得自己的严谨性。

二、弗赖登塔尔数学教育思想的现实意义

弗赖登塔尔（1905—1990）是荷兰著名的数学家和数学教育家，公认的国际数学教育权威，他于 20 世纪 50 年代后期发表的一系列教育著作在当时的影响遍及全球。虽历经半个多世纪的历史洗涤，但弗翁的教育思想在今天看来依然熠熠生辉、历久弥新。今天我们重温弗翁的教育思想，发现新课程倡导的一些核心理念，在弗翁的教育论著中早有深刻阐述。因此，领会并贯彻弗翁教育思想，对于今天的课堂教学仍然深具现实意义。身处课程改革中的数学教育同仁们，理当把弗翁的教育思想奉为经典来品味咀嚼，进而汲取丰富的思想养料，获得教学启示，并能积极践行其教育主张。

（一）"数学化"思想的内涵及其现实意义

弗赖登塔尔把"数学化"作为数学教学的基本原则之一，并指出："……没有数学化就没有数学，没有公理化就没有公理系统，没有形式化也就没有形式体系。……因此数学教学必须通过数学化来进行。"弗翁的"数学化"，一直被作为一种优秀的教育思想影响着数学教育界人士的思维方式与行为方式，对全世界的数学教育都产生了极其深刻的影响。

何为"数学化"？弗翁指出："笼统地讲，人们在观察现实世界时，运用数学方法研究各种具体现象，并加以整理和组织的过程，我称之为数学化。"同时他强调数学化的对象分为两类，一类是现实客观事物，另一类是数学本身。以此为依据，数学划分为横向数学化和纵向数学化。横向数学化指对客观世界进行数学化，它把生活世界符号化，其一般步骤为：现实情境—抽象建模——般化—形式化。今天新授课倡导的教学模式就是遵循这四个阶段进行的。纵向数学化是指横向数学化后，将数学问题转化为抽象的数学概念与数学方法，以形成公理体系与形式体系，使数学知识体系更系统、更完美。

目前一些教师或许是教育观念上还存在差异，或许是应试教育大环境引发的短视功利心的驱动，常把数学化（横向）的四个阶段简约为最后一个阶段，即只重视数学化后的结果——形式化，而忽略得到结果的"数学化"过程本身。斩头去尾烧中段的结果，是学生学得快但忘得更快。弗赖登塔尔批评道：这是一种"违

反教学法的颠倒"。也就是说，数学教学绝不能仅仅是灌输现成的数学结果，而是要引导学生自己去发现和得出这些结论。许多大家持同样观点，美国心理学家戴维斯就认为："在数学学习中，学生进行数学工作的方式应当与做研究的数学家类似，这样才有更多的机会取得成功。"笛卡儿与莱布尼兹说："……知识并不是只来自一种线性的，从上演绎到下的纯粹理性……真理既不是纯粹理性，也不是纯粹经验，而是理性与经验的循环。"康德说："没有经验的概念是空洞的，没有概念的经验是不能构成知识的。"

"纸上得来终觉浅，绝知此事要躬行"，"数学化"方式使学生的知识源自现实，也就容易在现实中被触发与激活。一方面，"数学化"过程能让学生充分经历从生活世界到符号化、形式化的完整过程，积累"做数学"的丰富体验，收获知识、问题解决策略、数学价值观等多元成果。另一方面，"数学化"对学生的远期与近期发展兼具重大意义。从长远看，要使学生适应未来的职业周期缩短、节奏加快、竞争激烈的现代社会，使数学成为整个人生发展的有用工具，就意味着数学教育要给学生除知识外的更加内在的东西，这就是数学的观念、用数学的意识。因为学生如果不是在与数学相关的领域工作，他们学过的具体数学定理、公式和解题方法大多是用不上的，但不管从事什么工作，从"数学化"活动中获得的数学式思维方式与看问题的着眼点、把现实世界转化为数学模式的习惯、努力揭示事物本质与规律的态度等等，却会随时随地发生作用。

张奠宙先生曾举过一例，一位中学毕业生在上海和平饭店做电工，从空调机效果的不同，他发现地下室到10楼的一根电线与众不同，现需测知其电阻。在别人因为距离长而感到困难的时候，他想到对地下室到10楼的三根电线进行统一处理。在10楼处将电线两两相接，在地下室分三次测量，然后用三元一次方程组计算出了需要的结果。这位电工后来又做过几次类似的事情，他也因此很快得到了上级的赏识与重视。这位电工解决问题的方法，并不完全是曾经做过类似数学题的方法，而是有赖于他有数学的意识。在现实生活中，有了数学式的观念与意识，我们就总想把复杂问题转化为简单问题，就总是试图揭示出面临问题的本质与规律，就容易经济高效地处理问题，从而凸显出卓尔不群的才干，进而提高我们的工作与生活品质。

从近期讲，经历"数学化"过程，让学生亲历了知识形成的全过程，且在获取知识的过程中，学生要重建数学家发现数学规律的过程，其中探究中对前行路径的自主猜测与选择、自主分析与比较、在克服困境中的坚守与转化、在发现解决问题的方法时获得的智慧满足与兴奋、在历经挫折后对数学式思维的由衷欣赏，以及由此产生的对于数学情感与态度方面的变化，无一不是"数学化"带给学生生命成长的丰厚营养。波利亚说："只有看到数学的产生，按照数学发展的历史顺序或亲自从事数学发现时，才能最好地理解数学。"同时，亲历形成过程得到的知识，在学生的认知结构中一定处于稳固地位，记忆持久、调用自如、迁移灵活，进而十分有利于学生当下应试水平的提高。除知识外，学生在"数学化"活动中将缄默地收获包含数学史、数学审美标准、元认知监控、反思调节等多元成果，这些内容不仅有益于加深学生对数学价值的认识，更有益于增强学生的内部学习动机，增强用数学的意识与能力，这绝不是只向学生灌输成品数学所能达到的效果。

（二）"数学现实"思想的内涵及其现实意义

新课程倡导引入新课时，要从学生的生活经验与已有的数学知识处抛锚创设情境，这种观点，早在半个世纪前的弗翁教育论著中已一再涉及。弗翁强调，教学"应该从数学与它所依附的学生亲身体验的现实之间去寻找联系"，并指出，"只有源于现实关系，寓于现实关系的数学，才能使学生明白和学会如何从现实中提出问题与解决问题，如何将所学知识更好地应用于现实"。弗翁的"数学现实"观告诉我们，每个学生都有自己的数学现实，即接触到的客观世界中的规律以及有关这些规律的数学知识结构。它不但包括客观世界的现实情况，也包括学生运用自己的数学能力观察客观世界所获得的认识。教师的任务在于了解学生的数学现实并不断地扩展提升学生的"数学现实"。

"数学现实"思想，让我们知晓了创设情境的真正教学意图及创设恰当情境对于教学的重要意义。首先，情境应该源于学生的生活常识或认知现状，前者的引入方式可以摆脱机械灌输概念的弊端，现实情境的模糊性与当堂知识联系的隐蔽性更有利于学生进行"数学化"活动，有利于学生主意自己拿、方法自己找、策略自己定，有利于学生逐步积淀生成正确的数学意识与观念，后者是学生进行意义建构的基本要求。其次，教师有效教学的必要前提，是了解学生的数学现实，一切过高与过低的、与学生数学现实不符的教学设计必定不会有好的教学效果。由此我们也就理解了新数运动失败的一个重要原因，是过分拔高了学生的数学现实；同时也就理解了为什么在课改之初，一些课堂数学活动的"幼稚化"会遭到一些专家的诟病，就是因为没有紧贴学生的数学现实。"如果我不得不把全部教育心理学还原为一条原理的话，我将会说，影响学习的唯一最重要因素是学习者已经知道了什么。"奥苏贝尔的话恰好也体现了"数学现实"对教学的重要意义。

（三）"有指导的再创造"思想的内涵及其现实意义

1. "有指导的再创造"中"再"的意义及启示

弗赖登塔尔倡导按"有指导的再创造"的原则进行数学教学，即要求教师为学生提供自由创造的广阔天地，把课堂上本来需要教师传授的知识、需要浸润的观念变为学生在活动中自主生成、缄默感受的东西。弗翁认为，这是一种最自然、最有效的学习方法。这种以学生的"数学现实"为基础的创造学习过程，是让学生的数学学习重复一些数学发展史上的创造性思维的过程。但它并非亦步亦趋地沿着数学史的发展轨迹，也让学生在黑暗中慢慢地摸索前行，而是通过教师的指导，让学生绕开历史上数学前辈曾经陷入的困境和僵局，避免他们在前进道路上所走过的弯路，浓缩前人探索的过程，依据学生现有的思维水平，沿着一条改良修正的道路快速前进。所以，"再创造"的"再"的关键是教学中不应该简单重复当年的真实历史，而是要结合当初数学史的发明发现特点，根据教材内容，更要结合学生的认知现实，致力于历史的重建或重构。弗翁的理由是："数学家从来不按照他们发现、创造数学的真实过程来介绍他们的工作，实际上经过艰苦曲折的思维推理获得的结论，他们常常以'显而易见'或是'容易看出'轻描淡写地一笔带过；而教科书则做得更彻底，往往把表达的思维过程与实际创造的进程完全颠倒，因而完全阻塞了'再创造的通道'。"

我们不难看到，今天的许多常规课堂，由于课时紧、自身水平有限、工作负担重、应试压力大等原因，教师常常喜欢用开门见山、直奔主题的方式来进行，按"讲解定义—分析要点—典例示范—布置作业"的套路教学，学生则按"认真听讲—记忆要点—模仿题型—练习强化"的方式日复一日地学习。然而，数学课如果总是以这样的流程来操作，学生失去的，将是亲身体验知识形成中对问题的分析、比较，对解决问题中策略的自主选择与评判，对常用手段与方法的提炼反思的机会。杜威说："如果学生不能筹划自己解决问题的方法，自己寻找出路，他就学不到什么，即使他能背出一些正确的答案，百分之百正确，他还是学不到什么。"其实，学习数学家的真实思维过程对学生数学能力的发展极其重要。张乃达先生说得好："人们不是常说，要学好学问，首先就要学做人吗？在数学学习中，怎样学习做人？学做什么样的人？这当然就是要学做数学家！要学习数学家的人品。而要学做数学家，当然首先就要学习数学家的眼光！"这只能从数学家"做数学"的思维方式中去学习。

德摩根就提倡这种"再创造"的教学方式。他举例说，教师在教代数时，不要一下子把新符号都解释给学生，而应该让学生按从完全书写到简写的顺序学习符号，就像最初发明这些符号的人一样。庞加莱认为："数学课程的内容应完全按照数学史上同样内容的发展顺序展现给读者，教育工作者的任务就是让孩子的思维经历其祖先之所经历，迅速通过某些阶段而不跳过任何阶段。"波利亚也强调学生学习数学应重新经历人类认识数学的重大几步。

例如，从 1545 年卡丹讨论虚数并给出运算方法，到 18 世纪复数广为人们接受，经历了两百多年时间，其间包括大数学家欧拉都曾认为这种数只存在于"幻想之中"。教师教授复数时，当然无须让学生重复当初人类发明复数的艰辛漫长的历程，但可以把复数概念的引入，也设计成当初数学家遇到的初始问题，即"两数的和是 10、积是 40，求这两数"，让学生面临当初数学家同样的困窘。这时教师让学生了解从自然数到正分数、负整数、负分数、有理数、无理数、实数的发展历程，以及数学共同体对数系扩充的规则要求，启迪学生，对于前面的每一种数都找到了它的几何表征并研究其运算，那么复数呢，能否有几何表征方式？复数的运算法则又是什么样的？……这样的教学，既避免了学生无方向的低效摸索，又让学生在教师科学有效的引导下，像数学家一样经历了数学知识的创造过程。在这一过程中，学生获得的智能发展，远比被动接受教师传授来得透彻与稳固。正如美国谚语所说："我听到的会忘记，看到的能记住，唯有做过的才入骨入髓。"

2."有指导的再创造"中"有指导"的内涵及现实意义

弗翁认为，学生的"再创造"，必须是"有指导"的。因为，学生在"做数学"的活动中常处于结论未知、方向不明的探究环境中。若放任学生自由探究而教师不作为，学生的活动极有可能会陷入盲目低效或无效境地。打个比方，让一个盲人靠自己的摸索到他从来没有去过的地方，他或许花费太多的时间，碰到无数的艰辛，通过跌打滚爬最终能到达目的地，但更有可能摸索到最后还是无功而返。如果把在探索过程中的学生比喻为看不清知识前景的盲人，教师作为一个知识的明眼人，就应该始终站在学生身后的不远处。学生碰到沟壑，教师能上前引导他；当他走反了方向时，上前把他指引到正确的道路上来，这就是教师"有指导"的意义。另外，并不是学生经过数学化活动就能自动生成精致化的数学形式定义。事实上，数学的许多定义是人类经过上百年、数千年，通过一代代数学家的不断继承、批判、修正、完善，才逐步精致严谨起来的，想让学生自己通过几节课就生成形式化概念是不可能的。所以说，学生的数学学习，更主要还是一种文化继承行为。弗翁强调："指导再创造意味着在创造的自由性与指导的约束性之间，以及在学生取得自己的乐趣和满足教师的要求之间达到一种微妙的平衡。"当前教学中有一种不好的现象，即把学生在学习活动中的主体地位与教师的必要指导相对立，这显然与弗翁的思想相背离。当然，教师的指导最能体现其教学智慧，体现在何时、何处、如何介入学生的思维活动中。

（1）如何指导——用元认知提示语引导。在"做数学"的活动中，对学生启发的最好方式是用元认知提示语，教师要根据探究目标隐蔽性的强弱，知识目标与学生认知结构潜在距离的远近，设计暗示成分或隐或显的元认知问题。一个优秀的教师一定是善于运用元认知提示语的教师。

（2）何时指导——在学生处于思维的迷茫状态时。不给学生充分的活动时空，不让学生经历一段艰难曲折的走弯路过程，教师就介入活动中，这不是真正意义上的"数学化"教学。在教师的过早干预下，也许学生知识、技能学得快一些，但学生忘得更快。所以，教师只有在学生心求通而不得时点拨，在学生的思维偏离了正确的方向时引领，才能充分发挥师生双方的主观能动性，让学生在挫折中体会数学思维的特色与数学学习的魅力。

第三节　波利亚的解题理论

乔治·波利亚（George Polya，1887—1985），匈牙利裔美国人数学家，20世纪举世公认的数学教育家，享有国际盛誉的数学方法论大师。他在长达半个世纪的数学教育生涯中，为世界数学的发展立下了不可磨灭的功勋。他的数学思想对推动当今数学教育的改革与发展仍有极大的指导意义。

一、波利亚数学教育思想概述

（一）波利亚的解题教学思想

波利亚认为："学校的目的应该是发展学生本身的内蕴能力，而不仅仅是传授知识。"在数学学科中，能力指的是什么？波利亚说："这就是解决问题的才智——我们这里所指的问题，不仅仅是寻常的，它们还要求人们具有某种程度的独立见解、判断力、能动性和创造精神。"他发现，在日常解题和攻克难题而获得数学上的重大发现之间，并没有不可逾越的鸿沟。要想有重大的发现，就必须重视平时的解题。因此，他说"中学数学教学的首要任务就是加强解题的训练"，通过研究解题方法看到"处于发现过程中的数学"。他把解题作为培养学生数学才能和教会他们思考的一种手段与途径。这种思想得到了国际数学教育界的广泛赞同。波利亚的解题训练不同于"题海战术"，他反对让学生做大量的题，因为大量的"例行运算"会"扼杀学生的兴趣，妨碍他们的智力发展"。因此，他主张与其穷于应付烦琐的教学内容和过量的题目，还不如选择一个有意义但又不太复杂的题目去帮助学生深入发掘题目的各个侧面，使学生通过这道题目，就如同通过一道大门而进入一个崭新的世界。

比如，"证明根号 2 是无理数"和"证明素数有无限多个"就是这样的好题目，前者通向实数的精确概念，后者是通向数论的门户，打开数学发现大门的金钥匙往往就在这类好题目之中。波利亚的解题思想集中反映在他的《怎样解题》一书中，该书的中心思想是解题过程中怎样诱发灵感。书的一开始就是一张"怎样解题表"，在表中收集了一些典型的问题与建议，其实质是尝试诱发灵感的"智力活动表"。正如波利亚在书中所写的："我们的表实际上是一个在解题中典型有用的智力活动表""表中的问题和建议并不直接提到好念头，但实际上所有的问题和建议都与它有关"。"怎样解题表"包含四部分内容，即弄清问题；拟订计划；实现计划；回顾过程。"弄清问题是为好念头的出现做准备；拟订计划是试图引发它；在引发之后，我们实现它；回顾此过程和求解的结果，是试图更好地利用它。"波利亚所讲的好念头，就是指灵感。《怎样解题》一书中有一部分内容叫"探索法小词典"，从篇幅上看，它占全书的 4/5。"探索法小词典"的主要内容就是配合"怎样解题表"，对解题过程中典型有用的智力活动做进一步解释。全书的字里行间，处处给人一种强烈的意识：波利亚强调解题训练的目的是引导学生开展智力活动，提高其数学才能。

从教育心理学角度看"怎样解题表"的确是十分可取的。利用这张表，教师可行之有效地指导学生自学，发展学生独立思考和进行创造性活动的能力。在波利亚看来，解题过程就是不断变更问题的过程。事实上，"怎样解题表"中许多问题和建议都是"直接以变化问题为目的的"，如你知道与它有关的问题吗？是否见过形式稍微不同的题目？你能改述这道题目吗？你能不能用不同的方法重新叙述它？你能不能想出一个更容易的有关问题？一个更普遍的题？一个更特殊的题？一个类似的题？你能否解决这道题的一部分？你能不能由已知数据导出某些有用的东西？能不能想出适于确定未知数的其他数据？你能改变未知数，或已知数，必要时改变两者，使新未知数和新的已知数更加互相接近吗？波利亚说："如果不'变化问题'，我们几乎不能有什么进展。""变更问题"是《怎样解题》一书的主旋律。"题海"是客观存在的，我们应研究对付"题海"的战术。波利亚的"表"切实可行，给出了探索解题途径的可操作机制，被公认为"引导学生在题海游泳"的"行动纲领"。著名的现代数学家瓦尔登早就说过："每个大学生、每个学者，特别是每个教师都应读《怎样解题》这本引人入胜的书。"

（二）波利亚的合情推理理论

通常，人们在数学课本中看到的数学是"一门严格的演绎科学"。其实，这仅是数学的一个侧面，是已完成的数学。波利亚大力宣扬数学的另一个侧面，那就是创造过程中的数学，它像"一门实验性的归纳科学"。波利亚说，数学的创造过程与任何其他知识的创造过程一样，在证明一个定理之前，先得猜想、发现这个定理的内容，在完全做出详细证明之前，还得不断检验、完善、修改所提出的猜想，还得推测证明的思路。在这一系列工作中，需要充分运用的不是论证推理，而是进行合情推理。论证推理以形式逻辑为依据，每一步推理都是可靠的，因而可以用来肯定数学知识，建立严格的数学体系。合情推理则只是一种合乎情理的、好像为真的推理。例如，律师的案情推理、经济学家的统计推理、物理学家的实验归纳推理等，它的结论带有或然性。合情推理是冒风险的，它是创造性工作所赖以进行的那种推理。合情推理与论证推理两者互相补充、缺一不可。

波利亚的《数学与合情推理》一书通过历史上一些有名的数学发现的例子分析说明了合情推理的特征和运用，首次建立了合情推理模式，开创性地用概率演算讨论了合情推理模式的合理性，试图使合情推理有定量化的描述，还结合中学教学实际呼吁"要教学生猜想，要教合情推理"，并提出了教学建议。这样就在笛卡儿、欧拉、马赫、波尔察诺、庞加莱、阿达玛等数学大师的基础上前进了一步，他不愧为当代合情推理的领头人。数学中的合情推理是多种多样的，而归纳和类比是两种用途最广的特殊合情推理。拉普拉斯曾说过："甚至在数学里，发现真理的工具也是归纳与类比。"因而波利亚对这两种合情推理给了特别重视，并注意到更广泛的合情推理。他不仅讨论了合情推理的特征、作用、范例、模式，还指出了其中的教学意义和教学方法。

波利亚反复呼吁："只要我们能承认数学创造过程中需要合情推理、需要猜想的话，数学教学中就必须有教猜想的地位，必须为发明做准备，或至少给一点发明的尝试。"对于一个想以数学作为终身职业的学生来说，为了在数学上取得真正的成就，就得把握合情推理；对于一般学生来说，也必须学习和体验合情推理，这是未来生活的需要。他亲自讲课的教学片"让我们教猜想"荣获 1968 年美国教育电影图书协会十周年电影节的最高奖——蓝色勋带。1972 年，他到英国参加第二届国际数学教育会议时，又为英国广播公司开放大学录制了第二部电影教学片"猜想与证明"，并于 1976 年与 1979 年发表了《猜想与证明》和《更多的猜想与证明》两篇论文。怎样教猜想？怎样教合情推理？没有十拿九稳的教学方法。波利亚说，教学中最重要的就是选取一些典型教学结论的创造过程，分析其发现动机和合情推理，然后再让学生模仿范例去独立实践，在实践中发展合情推理能力。教师要选择典型的问题，创设情境，让学生饶有兴趣地自觉去试验、观察，得到猜想。"学生自己提出了猜想，也就会有追求证明的渴望，因而此时的数学教学最富有吸引力，切莫错过时机。"波利亚指出，要充分发挥班级教学的优势，鼓励学生之间互相讨论和启发，教师只有在学生受阻的时候才给出方向性的揭示，不能硬把他们赶上事先预备好的道路，这样学生才能体验到猜想、发现的乐趣，才能真正掌握合情推理。

（三）波利亚论教学原则及教学艺术

有效的教学手段应遵循一些基本的原则，而这些原则应当建立在数学学习原则的基础上，为此，波利亚提出了下面三条教学原则。

1. 主动学习原则

学习应该是积极主动的，不能只是被动或被授式的，不经过自己的脑子活动就很难学到什么新东西，就是说学东西的最好途径是亲自去发现它。这样，会使自己体验到思考的紧张和发现的喜悦，有利于养成正确的思维习惯。因此，教师必须让学生主动学习，让思想在学生的头脑里产生，教师只起助产的作用。教学应采用苏格拉底回答法，向学生提出问题而不是讲授全部现成结论，对学生的错误不是直接纠正，而是用另外的补充问题来帮助暴露矛盾。

2. 最佳动机原则

如果学生没有行动的动机，就不会去行动。而学习数学的最佳动机是对数学知识的内在兴趣，最佳奖赏应该是聚精会神的脑力活动所带来的快乐。作为教师，你的职责是激发学生的最佳动机，使学生信服数学是有趣的，相信所讨论的问题值得下一番功夫。为了使学生产生最佳动机，解题教学要格外重视在引入问题时，尽量诙谐有趣。在做题之前，可以让学生猜猜该题的结果，或者部分结果，旨在激发学习兴趣，培养探索习惯。

3. 循序阶段原则

"一切人类知识以直观开始，由直观进至概念，而终于理念"，波利亚将学习过程区分为三个阶段：

①探索阶段——行动和感知；

②阐明阶段——引用词语，提高到概念水平；

③吸收阶段——消化新知识，融入自己的知识系统中。

教学要尊重学习规律，要遵循循序阶段性原则，要把探索阶段置于数学语言表达（如概念形成）之前，而又要使新学知识最终融汇于学生的整体智慧之中。新知识的出现不能从天而降，应密切联系学生的现有知识、日常经验、好奇心等，给学生"探索阶段"；学了新知识之后，还要把新知识用于解决新问题或更简单地解决老问题，建立新旧知识的联系，通过对新学知识的吸收，对原有知识的结构看得更清晰，进一步开阔眼界。波利亚说，遗憾的是，现在的中学教学里严重存在忽略探索阶段和吸收阶段而单纯断取概念水平阶段的现象。

以上三个原则实际上也是课程设置的原则，比如：教材内容的选取和引入、课题分析和顺序安排、语言叙述和习题配备等问题也都要以学和教的原则为依据。有效的教学，除了要遵循学与教的原则外，还必须讲究教学艺术。波利亚明确表示，教学是一门艺术。教学与舞台艺术有许多共同之处，有时，一些学生从你的教态上学到的东西可能比你要讲的东西还多一些，为此，你应该略作表演。教学与音乐创作也有共同点，数学教学不妨吸取音乐创作中预示、展开、重复、轮奏、变奏等手法。教学有时可能接近诗歌。波利亚说，如果你在课堂上情绪高涨，感到自己诗兴大发，那么不必约束自己；偶尔想说几句似乎难登大雅之堂的话，也不必顾虑重重。"为了表达真理，我们不能蔑视任何手段"，追求教学艺术亦应如此。

4. 波利亚论数学教师的思和行

波利亚把数学教师的素质和工作要点归结为以下十条：

（1）教师首要的金科玉律是：自己要对数学有浓厚的兴趣。如果教师厌烦数学，那学生也肯定会厌烦数学。因此，如果你对数学不感兴趣，那么你就不要去教它，因为你的课不可能受学生欢迎。

（2）熟悉自己所教的科目——数学科学。如果教师对所教的数学内容一知半解，那么即使有兴趣，有教学方法及其他教学手段，也难以把课教好，你不可能一清二楚地把数学教给学生。

（3）应该从自身学习的体验中以及对学生学习过程的观察中熟知学习过程，懂得学习原则，明确认识到：学习任何东西的最佳途径是亲自独立地去发现其中的奥秘。

（4）努力观察学生的面部表情，觉察他们的期望和困难，设身处地把自己当作学生。教学要想在学生的学习过程中收到理想的效果，就必须建立在学生的知识背景、思想观点以及兴趣爱好等基础之上。波利亚说，以上四条是搞好数学教学的精髓。

（5）不仅要传授知识，而且还要教技能技巧，培养思维方式以及良好的工作习惯。

（6）让学生学会猜想问题。

（7）让学生学会证明问题。严谨的证明是数学的标志，也是数学对一般文化修养的贡献中最精华的部分。倘若中学毕业生从未有过数学证明的印象，那他便少了一种基本的思维经验。但要注意，强调论证推理教学，也要强调直觉、猜想的教学，这是获得数学真理的手段，而论证则是为了消除怀疑。于是，教证明题要根据学生的年龄特征来处理，一开始给中学生教数学证明时，应该多着重于直觉洞察，少强调演绎推理。

（8）从手头中的题目中寻找出一些可能用于解决题目的特征——揭示出存在于当前具体情况下的一般模式。

（9）不要把你的全部秘诀一股脑儿地倒给学生，要让他们先猜测一番，然后你再讲给他们听，让他们独立地找出尽可能多的东西。要记住，"使人厌烦的艺术是把一切细节讲得详而又尽"（伏尔泰）。

（10）启发问题，不要填鸭式地硬塞给学生。

二、波利亚解题理论下的解题思维教学

作为一名数学家，波利亚在众多的数学分支领域都颇有建树，并留下了以他的名字命名的术语和定理；作为一名数学教育家，波利亚有丰富的数学教育思想和精湛的教学艺术；作为一名数学方法论大师，波利亚开辟了数学启发法研究的新领域，为数学方法论研究的现代复兴奠定了必要的理论基础。他的名著《怎样解题》中提到的解题过程，用来规范学生的数学解题思维很有成效。

（一）弄清问题

一个问题摆在面前，它的未知数是什么，已知数又是什么？条件是什么，结论又是什么？给出条件是否能直接确定未知数？若直接条件不够充分，那隐性的条件有哪些？所给的条件会不会是多余的？或者是矛盾的呢？弄清这些情况后，往往还要画画草图、引入适当的符号进行分析。

有的学生没能把问题的内涵理解透，凭印象解答，贸然下手，结果可想而知。

好几个学生对结果有四种可能惊诧不已，其实，若能按照乔治·波利亚《怎样解题》中说画画草图进而弄清问题，就能很快找出四种可能答案。这不禁也让我想起我国著名数学家华罗庚教授描写"数形结合"的一首诗："数形本是相倚

依，焉能分作两边飞。数缺形时少直觉，形缺数时难入微。数形结合百般好，割裂分家万事休。几何代数统一体，永远联系莫分离。"

（二）拟订计划

大多数问题往往不能一下子就迎刃而解，这时你就要找间接的联系，不得不考虑辅助条件，如添加必要的辅助线，找出已知量和未知量之间的关系，此时你应该拟订个求解的计划。有的学生认为，解数学题要拟订什么计划？会做就会做，不会做就不会做。其实不然，对于解题，第一步问题弄清后，着手解决前，你会考虑很多，脑袋瓜会闪出很多问题，比如，以前见过它吗？是否遇到过相同的或形式稍有不同的此类问题？我该用什么方法来解答呢？哪些定理公式我可以用呢？等等诸如此类的问题。

自问自答的过程，就是自我制定计划的过程，若学生经常这样思考，并加以归纳，往往就能较快找到解决数学问题的最佳途径。

例如，平面解析几何中在讲对称时，笔者常举以下几个例子加以练习：

第一小题是点与点之间对称的问题；第二小题和第三小题是个相互的问题，一题是直线关于点对称最终求直线的问题，另一题是点关于直线对称最终求点的问题；第四小题是直线关于直线对称的问题，这个问题要考虑两直线是平行还是相交的情况。

通过以上四小题的归纳分析，学生再碰到此类对称的问题就能得心应手了，能以最快的速度拟出解决方案，即拟订好计划，少走弯路。另外对点、直线和圆的位置关系的判断也可以进行同样的探讨，做到举一反三。

在拟订计划中，有时不能马上解决所提出的问题，此时可以换个角度考量。譬如：

（1）能不能加入辅助元素后可以重新叙述该问题，或能不能用另外一种方法来重新描述该问题；

（2）对于该问题，我能不能先解决一个与此有关的问题，或能不能先解决和该问题类似的问题，然后利用预先解决的问题去拟订解决该问题的计划；

（3）能不能进一步探讨，保持条件的一部分舍去其余部分，这样的话对于未知数的确定会有怎么样的变化，或者能不能从已知数据导出某些有用的东西，进而改变未知数或数据（或者二者都改变），这样能不能使未知量和新数据更加接近，进而解答问题；

（4）是否已经利用了所有的已知数据，是否考虑了包含在问题中的所有必要的概念，原先自己凭印象给出的定义是否准确。

碰到问题一时无法解决，采用上述的不同角度进行思考，应该很快就可以找到解决问题的方法。

（三）实行计划

实施解题所拟订的计划，并认真检验每一个步骤和过程，必须证明或保证每一步的准确性。出现谬论或前后相互矛盾的情况，往往就在实行计划中没能证明每一步都是遵循正确的方向来走。例如，有这样的一个诡辩题，题目大意如下：龟和兔，大家都知道肯定是兔子跑得快，但如果让乌龟提前出发10米，这时乌龟和兔子一起开跑，那样的话兔子永远都追不上乌龟。从常识上看这结论肯定错误，但从逻辑上分析：当兔子赶上乌龟提前出发的这10米的时候，是需要一段时间的，假设是10秒，那在这10秒里，乌龟又往前跑了一小段距离，假设为1米，当兔子再追上这1米，乌龟又往前移动了一小段距离，如此这样下去，不管兔子跑得有多快，只能无限接近乌龟而不能超过。这个问题问倒了很多人（当然包括学生），问题出在哪呢？问题就出在假设上，假设出现了问题，就是实行计划的第一步出现错误，你说结论会正确吗？

这样的诡辩题在数学上很多，有的一开始就是错的，如同上面的例子；有的在解题过程中出现错误；有的采用循环论证，用错误的结论当作定理去证明新的问题；还有的偷换概念。例如，学生之间经常讨论的一个例子：有3个人去投宿，一个晚上30元，三个人每人掏了10元凑够30元交给了老板，后来老板说今天优惠只要25元就够了，于是老板拿出5元让服务生退还给他们，而服务生偷偷藏起了2元，然后把剩下的3元钱分给了那三个人，每人分到1元。现在来算算，一开始每人掏了10元，现在又退回1元，也就是10－1=9，每人只花了9元钱，3个人每人9元，3×9=27元＋服务生藏起的2元＝29元，还有一元钱哪去了？这问题就是偷换概念，不同类的钱数目硬性加在一起。所以，在实行计划中，检验是非常重要的。

（四）回顾

最后一步是回顾，就是最终的检测和反思了。结果进行检测，判断是否正确；这道题还有没有其他的解法；现在能不能较快看出问题的实质所在；能不能把这个结论或方法当作工具用于其他的问题的解答；等等。

在乔治•波利亚解题法第一步弄清问题中，所举的那个例题，结论要是考虑不周全，不进行认真检验，就会漏了方程 x=2 这个解，那样的话，从完整度来说就前功尽弃了。

一题多解、举一反三，这在数学解题中经常出现。

通过问题的解答过程以及最终结论检验，在今后遇到同样或类似问题时，能不能直接找到问题实质所在或答案，或许这就是看你的"数感"（对数学的感知感觉）如何了。例如，空间四边形四边中点依次连接构成平行四边形，有了这思维，回忆起以前学的正方形、长方形、菱形、梯形或任意四边形的四边中点依次连接所成的图形，就不难得出答案了。

数学是一门工具学，某个问题解决了，要是所获得的经验或结论可以作为其他问题解决的奠基石，那么解决这个数学问题的目的就达到了。古人在长期的生产生活中，给我们留下了不少经验和方法，体现在数学上就是定理或公式了，为我们的继续研究创造了不少先决条件，不管在时间上还是空间上，都是如此。我们要让学生认识到，教科书中的知识包含了多少前人的心血，要好好珍惜。

三、波利亚数学解题思想对我国数学教育改革的启示

（一）更新教育观念，使学生由"学会"向"会学"转变

目前我国大力提倡素质教育，但应试教育体制的影响不是一天两天就能完全去除的。几乎所有学生都把数学看成必须得到多少分的课程。这种体制造成片面追求升学率和数学竞赛日益升温的畸形教育，教学一味热衷于对数学事实的生硬灌输和题型套路的分类总结，而不管数学知识的获取过程和数学结论后面丰富多彩的事实。学生被动消极地接受知识，非但不能融会贯通，把知识内化为自己的认知结构，反而助长了对数学事实的死记硬背和对解题技巧的机械模仿。

根据波利亚的数学思想及我国当前教育的形势,我国的数学教育应转变观念,使学生不仅"学会",更要"会学"。数学教学既是认识过程,又是发展过程,这就要求教师在传授知识的同时,应把培养能力、启发思维置于更加突出的地位。教师应引导学生在某种程度上参与提出有价值的启发性问题,激发学生积极探索的动机和热情,开展"相应的自然而然的思维活动"。通过具体特殊的情形的归纳或相似关联因素的类比、联想,孕育出解决问题的合理猜想,进而对猜想进行检验、反驳、修正、重构。这样学生才能主动建构数学认知结构,并培育对数学真理发现过程的不懈追求和创新精神,强化学习主体意识,促进数学学习的高效展开。

(二)革新数学课程体系,展现数学思维过程

传统的数学课程体系,历来以追求逻辑的严谨性、理论的系统性而著称,教材内容一般沿着知识的纵方向展开,采用"定义—定理—法则—推论—证明—应用"的纯形式模式,突出高度完善的知识体系,而对知识发明(发现)的过程则采取蕴含披露的"浓缩"方式,或几乎全部略去,缺乏必要的提炼、总结和体现。

根据波利亚的思想,我国的数学课程体系应力图避免刻意追求严格的演绎风格,克服偏重逻辑思维的弊端,淡化形式,注重实质。数学课程目标不仅在于传授知识,更在于培养数学能力,特别是创造性数学思维能力。课程内容的选取,以具有丰富渊源背景和现实生动情境的问题为主导,参照数学知识逐步进化的演变过程,用非形式化展示高度形式化的数学概念、法则和原理。突破以科学为中心的课程和以知识传授为中心的教学观,将有利于思维方式与思维习惯的培养,并在某种程度上避免教师的生硬灌输和学生的死记硬背,教与学不再是毫无意义的符号的机械操作。课程体系准备深刻、鲜明生动地展开思维过程,使学生不仅知其然而且知其所以然,也是现代数学教育思想的一个基本特点。

波利亚的数学解题思想博大精深,源于实践又指导实践,对我国的数学教育实践及改革发展具有重要的指导意义。我们从中得到这样的启示:数学教育应着眼于探究创造,强调获取知识的过程及方法,寻求学习过程、科学探索和问题解决的一致性。它的根本意义在于培养学生的数学文化素养,即培养学生思维的习惯,使他们学会发现的技巧、领会数学的精神实质和基本结构,并提供应用于其他学科的推理方法,体现一种"变化导向的教育观"。

第四节　建构主义的数学教育理论

在教育心理学中正在发生着一场革命，人们对它的叫法不一，但更多地把它称为建构主义的学习理论。20 世纪 90 年代以来，建构主义学习理论在西方逐渐流行。建构主义是行为主义发展到认知主义以后的进一步发展，被誉为当代心理学的一场改革。

一、建构主义理论概述

（一）建构主义理论

建构主义理论是在皮亚杰（Jean Piaget）的"发生认识论"、维果茨基（Lev S.Vygotsky）的"文化历史发展理论"和布鲁纳（Jerome Seymour Bruner）的"认知结构理论"的基础上逐渐发展形成的一种新的理论。皮亚杰认为，知识是个体与环境交互作用并逐渐建构的结果。在研究儿童认知结构发展中，他还提到了几个重要的概念：同化、顺应和平衡。同化是指当个体受到外部环境刺激时，用原来的图式去同化新环境所提供的信息，以达到暂时的平衡状态；若原有的图式不能同化新知识，将通过主动修改或重新构建新的图式来适应环境并达到新的平衡的过程，即顺应。个体的认知在"原来的平衡—打破平衡—新的平衡"的过程中不断地向较高的状态发展和提升。在皮亚杰理论的基础上，各专家和学者从不同的角度对建构主义进行了进一步的阐述和研究。科恩伯格（Kornberg）对认知结构的性质和认知结构的发展条件做了进一步的研究；斯滕伯格（R.J.sternberg）和卡茨（D.Katz）等人强调个体主动性的关键作用，并对如何发挥个体主动性在建构认知结构过程中的关键作用进行了探索；维果茨基从文化历史心理学的角度研究了人的高级心理机能与"活动"与"社会交往"之间的密切关系，并最早提出了"最近发展区"理论。所有的研究都使建构主义理论得到了进一步的发展和完善，为应用于实际教学中提供了理论基础。

（二）建构主义理论下的数学教学模式

建构主义理论认为，学习是学习者用已有的经验和知识结构对新的知识进行加工、筛选、整理和重组，并实现学生对所获得知识意义的主动建构，突出学习者的主体地位。所谓以学生为主体，并不是对其放任自流，教师要做好引导者、组织者，也就是说，我们在认同学生的主体地位的同时也要发挥好教师的作用。因此，以建构主义为理论基础的教学应注意：首先，发挥学生的主观能动性，把问题还给学生，引导他们独立地思考和发现，并能在与同伴相互合作和讨论中获得新知识。其次，学习者对新知识的建构要以原有的知识经验为基础。最后，教师要扮演好学生忠实支持者和引路人的角色。教师一方面要重视情境在学生建构知识中的作用，将书本中枯燥的知识放在真实的环境中，让学生去体验活生生的例子，进而帮助学生自我创造达到意义建构的目的；另一方面留给学生足够的时间和空间，让尽量多的学生参与讨论并发表自己的见解，学生遇到挫折时，教师要积极鼓励，在他们取得进步时，要给予肯定并指明新的努力方向。

数学教学采用"建构主义"的教学模式是指以学生自主学习为核心，以数学教材为学生意义建构的对象，由数学教师担任组织者和辅助者，以课堂为载体，让学生在原有数学知识结构的基础上将新知识与之融合，从而引导学生生长出新的知识，同时，也帮助和促进学生数学素养、数学能力的提高。教学的最终目的是帮助学生实现对知识的主动获取和对已获取知识的意义建构。

二、建构主义学习理论的教育意义

（一）学习的实质是学习者的主动建构

建构主义学习理论认为，学习不是老师向学生传递知识信息、学习者被动地吸收的过程，而是学习者自己主动地建构知识的意义的过程。这一过程是不可能由他人代替的。每个学习者都是在其现有的知识经验和信念基础上，对新的信息主动地进行选择加工，从而建构起自己的理解，而原有的知识经验系统又会因新信息的进入发生调整和改变。这种学习的建构，一方面是对新信息的意义的建构，另一个方面是对原有经验的改造和重组。

（二）建构主义的知识观和学生观要求教学充分尊重学生的学习主体地位

建构主义认为，知识并不是对现实的准确表征，它只是对现实的一种解释或假设，并不是问题的最终答案。知识不可能以实体的形式存在于个体之外，尽管我们通过语言符号赋予了知识一定的外在形式，甚至这些命题还得到了较普遍的认可，但这些语言符号充其量只是载着一定知识的物质媒体，并不是知识本身。学生若想获得这些言语符号所包含的真实意义，必须借助自己已有的知识经验将其还原，即根据自己已有的理解重新进行意义建构。所以教学应该让学生从原有的知识经验中"生长"出新的知识经验。

（三）课本知识不是唯一正确的答案，学生学习是在自我理解基础上的检验和调整过程

建构主义学习理论认为，课本知识仅是一种关于各种现象的比较可靠的假设，只是对现实的一种可能更正确的解释，而绝不是唯一正确的答案。这些知识在进入个体的经验系统被接受之前是毫无意义可言的，只有通过学习者在新旧知识经验间反复双向相互作用后，才能建构起它的意义。所以，学生学习这些知识时，不是像镜子那样去"反映"呈现，而是在理解的基础上对这些假设进行自己的检验和调整。

课堂中学生的头脑不是一块白板，他们对知识的学习往往是以自己的经验信息为背景来分析其合理性，而不是简单地套用。因此，关于知识的学习不宜强迫学生被动地接受知识，不能满足于教条式的机械模仿与记忆，不能把知识作为预先确定了的东西让学生无条件地接纳，而应关注学生是如何在原有的经验基础上、经过新旧经验相互作用而建构知识含义的。

（四）学习需要走向"思维的具体"

建构主义学习理论批判了传统课堂学习中"去情境化"的做法，转而强调情境性学习与情境性认知。他们认为学校常常在人工环境而非自然情境中教学生那些从实际中抽象出来的一般性的知识和技能，而这些东西常常会被遗忘或只能保留在学习者头脑内部，一旦走出课堂到实际需要时便很难回忆起来，这些把知识与行为分开的做法是错误的。知识总是要适应它所应用的环境、目的和任务的，

因此为了帮助学生更好地学习、保持和使用其所学的知识，就必须让他们在自然环境中学习或在情境中进行活动性学习，促进知和行的结合。

情境性学习要求给学生的任务具有挑战性、真实性，任务稍微超出学生的能力，有一定的复杂性和难度，让学生面对一个要求认知复杂性的情境，使之与学生的能力形成一种积极的不相匹配的状态，即认知冲突。学生在课堂中不应是学习老师提前准备好的知识，而是在解决问题的探索过程中，从具体走向思维，并能够达到更高的知识水平，即由思维走向具体的过程。

（五）有效的学习需要在合作中、在一定支架的支持下展开

建构学习理论认为，学生以自己的方式来建构事物的意义，不同的人理解事物的角度是不同的，这种不存在统一标准的客观差异性本身就构成了丰富的资源。通过与他人的讨论、互助等形式的合作学习，学生可以超越自己的认识，更加全面深刻地理解事物，看到那些与自己不同的理解，检验与自己相左的观念，学到新东西，改造自己的认知结构，重新建构知识。学生在交互合作学习中对自己的思考过程不断地进行再认识，对各种观念加以组织和改组，这种学习方式不仅会逐渐地提高学生的建构能力，而且有利于今后的学习和发展。

为学生的学习和发展提供必要的信息和支持。建构主义者称这种提供给学生、帮助他们从现有能力提高一步的支持形式为"支架"，它可以减少或避免学生在认知中不知所措或走弯路。

（六）建构主义的学习观要求课程教学改革

建构主义认为，教学过程不是教师向学生原样不变地传递知识的过程，而是学生在教师的帮助指导下自己建构知识的过程。所谓建构是指学生是指通过新、旧知识经验之间的、双向的相互作用，来形成和调整自己的知识结构。这种建构只能由学生本人完成，这就意味着学生是被动的刺激接受者。因此在课程教学中，教师要尊重和培养学生的主体意识，创建有利于学生自主学习的课堂情境和模式。

（七）课程改革取得成效的关键在于按照建构主义的教学观创设新的课堂教学模式

建构主义的学习环境包含情境、合作、交流和意义建构等四大要素。与建构

主义学习理论以及建构主义学习环境相适应的教学模式可以概括为：以学习为中心，教师在整个教学过程中起组织者、指导者、帮助者和促进者的作用，利用情境、合作、交流等学习环境要素充分发挥学生的主动性、积极性和首创精神，最终实现学生有效地实现对当前所学知识的意义建构的目的。在建构主义教学模式下，目前比较成熟的教学方法有情景性教学、随机通达教学等。

（八）基础教育课程改革的现实需要以建构主义的思想培养和培训教师

新课程改革不仅改革课程内容，也对教学理念和教学方法进行了改革，探究学习、建构学习成为课程改革的主要理念和教学方法之一，期许教师胜任指导和促进学生的探究和建构的任务，教师自身就要接受探究学习和建构学习的训练，使教师建立探究和建构的理念，掌握探究和建构的方法，唯此才能在教学实践中自主地指导和运用建构教学，激发学生的学习兴趣，培养学生探究的习惯和能力。

第五节　我国的"双基"数学教学

在高等数学教学的过程中，面对学生基础严重不牢固，针对高等数学内容难度较大的特点，学生表现为学习困难，接受效果不尽如人意。在这种情况下，在高等数学教学工作中，只有坚持以"双基"教学理论为指导，才能保证高等数学的教育教学质量。

一、我国"双基教学理论"的综述

1963 年我国颁布了中国特色的大纲，概括为"双基＋三大能力"，双基即基础知识、基本技能。三大能力包括基本的运算能力、空间想象能力和逻辑思维能力。1996 年我国的高中数学大纲又把"逻辑思维能力"改为"思维能力"，原因是逻辑思维是数学思维的基础部分，但不是核心部分。在"双基"教学理论的指导下，我国学生的数学基础以扎实著称。进入 20 世纪，在"三大能力"的基础上，又提出培养学生提出问题、解决问题的能力。在中学阶段的数学教学中，提出培养学生数学意识、培养学生的数学实践能力和运用所学的数学知识解决实际问题的能力。"双基"教学理论的提出和实践，对数学教育工作者发出了新的挑战，为此，研究和运用双基教学理论对实现数学教学的目标具有重要的意义，特别是在基础教育教学改革日益深入的今天，做好高等学校的数学教学与中学数学教学的衔接，具有重要的意义。本节以高等数学教学为例，对实践双基教学理论提出笔者的经验和措施。

（一）双基教学理论的演进

"双基"教学起源于 20 世纪 50 年代，在 60—80 年代得到大力发展，80 年代之后，不断丰富完善。探讨双基教学的历程，从根本上讲，应考查教学大纲，因为中国教学历来是以纲为本，双基内容被大纲所确定，双基教学可以说来源于大纲导向。大纲中对知识和技能要求的演进历程也是双基教学理论的形成轨迹，双基教学根源于教学大纲，随着教学大纲对双基要求的不断提高而得到强化。所以，我们只要对教学大纲作一历史性回顾，就不难找到双基教学的演进历程，此处不再展开叙述。

（二）双基教学的文化透视

双基教学的产生是有着浓厚的传统文化背景的，关于基础重要性的传统观念、传统的教育思想和考试文化对双基教学都有着重要影响。

1. 关于"基础"的传统信念

中国是一个相信基础重要性的国家，基础的重要性多被作为一种常识为大家所熟悉，在沙滩上建不起来高楼，空中无法建楼阁，要建成大厦，没有好的基础是不行的。从事任何工作，都必须有基础。没有好的基础不可能有创新。"现代社会没有或者几乎没有一个文盲做出过创新成果"常被视作"创新需要知识基础"的一个极端例子。这样的信念支配着人们的行为，于是，大家认为，中小学教育作为基础教育，打好基础、储备好学习后继课程与参加生产劳动及实际工作所必备的、初步的、基本的，知识和技能是第一位的，有了好的基础，创新、应用可以逐步发展。这样，重视基础也就成为自然的事情了。其实，学生是通过学习基础知识、基本技能这个过程达到一个更高境界的，不可能越过基础知识、基本技能类的东西而学习其他知识技能来培养创新能力或其他能力。所以，通往教育深层的必经之路就是由基本知识、基本技能铺设的，双基内容应该是作为社会人生存、发展的必备平台。没有基础，就缺乏发展潜能，无论是中国功夫，还是中国书法，都是非常讲究基础的，正是这一信念为双基教学注入了理由和活力。

2. 文化教育传统

中国双基教学理论的产生发展与中国古代教育思想分不开。首要的应是孔子的教育思想。孔子通过长期教学实践，提出"不愤不启，不悱不发"的教学原则。"愤"就是积极思考问题，还处在思而未懂的状态；"悱"就是极力想表达而又表达不清楚。就是说，在学生积极思考问题而尚未弄懂的时候，教师才应当引导学生思考和表达。又言"举一隅，不以三隅反，则不复也"，即要求学生能做到举一反三、触类旁通。这种思想和方法被概括为"启发教学"思想。如何进行启发教学，《学记》给出过精辟的阐述："君子之教，喻也。道而弗牵，强而弗抑，开而弗达，道而弗牵则和，强而弗抑则易，开而弗达则思，和易以思，可谓善喻也。"意思是说要引导学生而不要牵着学生走，要鼓励学生而不要压抑他们，要指导学生学习门径，而不是代替学生做出结论。引而弗牵，师生关系才能融洽、亲切；强而弗抑，学生学习才会感到容易；开而弗达，学生才会真正开动脑筋思考，做到这些就可以说得上是善于诱导了。启发教学思想的精髓就是发挥教师的主导、诱导作用，教师向来被看作"传道、授业、解惑"的"师者"，处于主导地位。这种教学思想注定了双基教学中的教师的主导地位和启发性特征。

关于学习，孔子有一句名言："学而不思则罔，思而不学则殆。"意思是说光学习而不进行思考什么都学不到，只思考而不学习则是危险的，主张学思相济，不可偏废。学习必须以思考来求理解，思考必须以学习为基础。这种学、思结合思想用现在的观点看，就是创新源于思，缺乏思，就不会有创新，而只思不学是行不通的，表明学是创新的基础，思是创新的前提。故而应重视知识的学习和反思。朱熹也提出："读书无疑者，须教有疑，有疑者却要无疑，到这里方是长进。"这种学习理念对教学的启示是，要鼓励学生质疑，因为疑问是学生动了脑筋的结果，"思"的表现，通过问，解决疑，才可以使学问长进。课堂上教师要多设疑问，故布疑阵，设置情境，不断用问题、疑问刺激学生，驱动学生的思维。这种学习思想为双基教学注入了问题驱动性特征。双基教学理论可以说是中国古代教育思想的引申、发展。

3. 考试文化对双基教学具有促动影响

中国有着悠久的考试文化，自公元 597 年隋文帝实行"科举考试"制度，至今已延续近一千五百年。学而优则仕，学习的目的是通过考试达到自身发展（如做官）的目标。到了现代，考试一样也是通往美好前程的阶梯。而考试内容绝大部分只能是基础性的试题，因为双基是有形的，容易考查，创新性、灵活性、应用能力的考查比较困难，尤其是在限定的时间内进行的考查。另外，教学大纲强调双基，考试以大纲为准绳，教学自然侧重于双基教学，考试重点考双基，那么各种教学改革只能是以双基为中心，围绕双基开展，最终是使双基更加扎实，使双基更加突出。这种考试要求与教学要求的相互影响，加强了双基教学发展。总之，双基教学理论既是中国古代教育思想的发扬，又深受中国传统考试文化的影响。新课改中，如何更新双基、如何继承和发扬双基教学传统，是一个需要认真思考的重要课题。

二、双基教学模式的特征分析

（一）双基教学模式的外部表征

双基教学理论作为一种教育思想或教学理论，可以看作是以"基本知识和基本技能"教学为本的教学理论体系，其核心思想是重视基础知识和基本技能的教学。它首先倡导了一种所谓的双基教学模式，我们先从双基教学模式外显的一些特征进行描述刻画。

1. 双基教学模式课堂教学结构

双基教学在课堂教学形式上有着较为固定的结构，课堂进程基本呈"知识、技能讲授—知识、技能的应用示例—练习和训练"序状，即在教学进程中先让学生明白知识技能是什么，再了解如何应用这个知识技能，最后通过亲身实践练习掌握这个知识技能及其应用。典型教学过程包括"复习旧知—导入新课—讲解分析—样例练习—小结作业"，五个基本环节每个环节都有自己的目的和基本要求。

复习旧知的主要目的是为学生理解新知、逾越分析和证明新知障碍做知识铺垫，避免学生思维走弯路。在导入新课环节，教师往往是通过适当的铺垫或创设适当的教学情境引出新知，通过启发式的讲解分析，引导学生尽快理解新知内容，让学生从心理上认可、接受新知的合理性，即及时帮助学生弄清是什么、弄懂为什么；进而以例题形式讲解、说明其应用，让学生了解新知的应用，明白如何用新知；然后让学生自己练习、尝试解决问题，通过练习，进一步巩固新知，增进理解，熟悉新知及其应用技能，初步形成运用新知分析问题、解决问题的能力；最后总结一堂课的核心内容，布置作业，通过课外作业，进一步熟练技能，形成能力。所以，双基教学有着较为固定的形式和进程，教学的每个环节安排紧凑，教师在其中既起着非常重要的主导作用、示范作用或管理作用，同时也起着为学生的思维架桥铺路的作用，由此也产生了颇具中国特色的教学铺垫理论。

2. 双基教学模式课堂教学控制

双基教学模式是一种教师有效控制课堂的高效教学模式。双基教学重视基础知识的记忆理解、基本技能的熟练掌握运用，具体到每一堂课，教学任务和目标都是明确具体的，包括教师应该完成什么样的知识技能的讲授、达到什么样的教学目的、学生应该得到哪些基本训练（做哪些题目）、实现哪些基本目标、达到怎样的程度（如练习正确率），等等。教师为实现这些目标有效组织教学、控制课堂进程。正是由于有明确的任务和目标以及必须实现这些任务和目标的驱动，教师责无旁贷地成为课堂上的主导者、管理者，导演着课堂中几乎所有的活动，使得各种活动都呈有序状态，课堂时间得到有效利用。课堂活动组织得严谨、周密、有节奏、有强度。整堂课的进程，有高度的计划性，什么时候讲、什么时候练、什么时候演示、什么时候板书、板书写在什么位置，都安排得非常妥当，能有效地利用上课的每一分钟时间。整堂课进行得井井有条，教师随时关注学生遵守课堂纪律的情况，防止和克服不良现象的发生，随时注意进行教学组织工作，而且进行得很机智，课堂秩序一般表现良好。

严谨的教学组织形式，不仅高效，而且避免了学生无政府主义现象的发生。双基教学注重教师的有效讲授和学生的及时训练、多重练习，教师讲课，要求语言清楚、通俗、生动、富于感情，表述严谨，言简意赅。在整堂课的讲授过程中，教师充分发挥主导作用，不断提问和启发，学生思维被激发调动，始终处于积极的活动状态。在训练方面，以解题思想方法为首要训练目标，一题多解、一法多用、变式练习是经常使用的训练形式，从而形成了中国教学的"变式"理论，包括概念性变式和过程性变式。

双基教学模式下，教师具有的知识特征通过一些比较研究可以看到：我国教师能够多角度理解知识，如中国学者马力平的中美数学教育比较研究表明：在学科知识的"深刻理解"上，中国教师具有更加明显的优势。

3. 双基教学的目标

双基教学重视基础知识、基本技能的传授，讲究精讲多练，主张"练中学"，相信"熟能生巧"，追求基础知识的记忆和掌握、基本技能的操演和熟练，以使学生获得扎实的基础知识、熟练的基本技能和较高的学科能力为其主要的教学目标。对基础知识讲解得细致，对基本技能训练得入微，使学生一开始就能对所学习的知识和技能获得一个从"是什么、为什么、有何用到如何用"的较为系统的、全面的和深刻的认识。在注重基础知识和基本技能教学的同时，双基教学从不放松和抵制对基本能力的培养和个人品质的塑造，相反，能力培养一直是双基教学的核心，如数学教学始终认为运算能力、空间想象能力、逻辑思维能力是数学的三大基础能力。可以说，双基教学本身就含有基础能力的培养成分和带有指导性的个性发展的内涵。

4. 双基教学的课程观

在"双基教学"理论中，"基础"是一个关键词。某些知识或技能之所以被选进课程内容，并不是因为它们是一种尖端的东西，而是因为它们是基础的，所以我们说双基教学思想注重课程内容的基础性。同时，双基教学也注重课程内容的逻辑严谨性，在课程教材的编制上，体现为重视教学内容结构以及逻辑系统的关系，要求教材体系符合学科的系统性（当然也要符合学生的心理发展特点），根据学科内容结构规律安排，做到先行知识的学习与后继知识的学习互相促进。双基教学的课程观也非常注意感性认识与理性认识的关系，教学内容安排要求由实际事例开始，由浅入深、由易到难、由表及里，循序渐进。

5. 双基教学理论体系的开放性

双基教学并不是一个封闭的体系，在其发展过程中，不断地吸收先进的教育教学思想来丰富和完善自身的理论。双基的内涵也是开放的，内容随时代的变化而变化。总之，从外部来看，双基教学理论是一种讲究教师有效控制课堂活动、既重讲授又重练习、既重基础又重能力、有明确的知识技能掌握和练习目标的开放的教学思想体系。

（二）双基教学的内隐特征

深入课堂教学内部，借助典型案例，分析中国教师的教学实践和经验总结，我们不难看出，中国双基教学至少包含下面五个基本特征：启发性、问题驱动性、示范性、层次性和巩固性。

1.启发性

双基教学强调双基，同时强调在传授双基的教学过程中贯彻启发式教学原则，反对注入式，主张启发式教学，反对"填鸭"或"灌输"式教学。各种教学活动以及教学活动的各个环节都要求富有启发性，不论是教师讲解、提问、演示、实验、小结、复习、解答疑难，还是进行概念、定理（公式）的教学，或是复习课、练习课的教学，教师都讲究循循善诱，采取各种不同方式启发学生思维，激发学生潜在的学习兴趣，使之主动地、积极地、充满热情地参与到教学活动中。在讲解过程中，教师会"质疑启发"，即通过不断设疑、提问、反诘、追问等方式激发学生思考问题，通过释疑解惑，开通思路，掌握知识。在演示或实验过程中，教师会进行"观察启发"，借助实物、模型、图示等，组织学生观察并思考问题、探求解答。在新结论引出之前，根据内容情况，教师有时采用"归纳启发"，通过实验、演算先得出特殊事例，再引导学生对特殊材料进行考查获得启发，进而归纳、发现可能规律，最后获得新结论。有时会采用"对比启发"或"类比启发"，运用对比手法以旧启新，根据可类比的材料，启示学生对新知识做出大胆猜想。所以，贯彻启发式原则是双基教学的一个基本要求，也因此，双基教学具有了启发性特征。

如有的教师为了讲清数学归纳法的数学原理，首先从复习不完全归纳法开始，指出它是人们用来认识客观事物的重要推理方法，并揭示它是一种可靠性较弱的方法，由此产生认知冲突，即当对象无限时，如何保障从特殊归纳出一般结论的正确性。接着，用生活实例——摸球进行类比启发：如果袋中有无限多个球，如何验证里面是否均为白球？显然不能逐一摸出来验证，由于不可穷尽，所以无法直接验证。但如果能有"当你这一次摸出的是白球，则下一次摸出的一定也是白球"这样的保证，则大可不必逐个去摸，而只要第一次摸出的确实是白球即可。

至此，为什么数学归纳法只完成两步工作就可对一切自然数下结论的思想实质清晰可见。双基教学的启发性是教师创设的，是教师主导作用的充分体现，其关键是教师的引导和精心设计的启发性环境，启发的关键不在于让学生"答"，而在于让学生思考，或者简单地说在于让学生"想"。

所以，一堂课从表面上看，可能全是教师在讲解，学生在被动地听，可实际上，学生思维可能正在教师的步步启发下积极地活动着，进行着有意义的学习。事实上，双基教学中，教师的一切活动始终是围绕学生的思考或思维服务的，为学生积极思考提供、搭建脚手架，为学生建构新知识结构提供高效率的帮助。双基教学讲究在教师的启发下让学生自己发现，这是一种特殊的探索方式，双基教学的这种启发性内隐特征决定了双基教学并不是教师直接把现成的知识传授给学生，而是经常引导学生去发现新知。问题驱动性双基教学强调教师的主导作用，整个教学过程经由教师精心设计，成为一环扣一环、由教师有效控制、逐步递进的有序整体，使得学生能轻松地一小步一小步地达到预定目标。在这个有序教学整体的开始，教师以提问方式驱动学生回顾复习旧知识，通过精心设计的问题情境，凸显"用原有的知识无法解决的新的矛盾或问题"，以此为契机，让学生体验到进一步探索新知的必要性，认识到将要研究和学习的新知是有意义和有价值的，继而将课题内容设计为一系列的矛盾或问题解决形式，并不断地以启发、提问和讲解的方式展开并递进解决。

事实上，双基教学模式中，教师设计一堂课，经常会考虑如何用设计好的情境来呈现新旧知识之间的矛盾或提出问题，引起认知冲突，使学生有兴趣学习这节课，同时也会考虑如何引入概念，如何将问题分解为一个个有递进关系的问题并逐步深入，如何应用以往的工具和新引进的概念解决这些问题，等等，以驱使学生聚精会神地动脑思考，或全神贯注地听老师讲解分析解决问题或矛盾的方法或思想。双基教学中，教师并不是简单地将大问题分拆成一个个小问题机械地展现给学生，而是经常将讲解的内容转变为问题式的提问或启发式问题，融合在教师的讲授中，这些提问或启发式问题具有强驱动性，促使学生思维不断地沿着教师的预设方向进行。教师这种不断地通过"显性"和"隐性"的问题驱动学生的思维活动（隐性的问题可以看作启发，显性的问题可以看作课堂提问），构成了中国双基教学的一大特色。

课堂上的显性提问，既能激发学生的思维，又能起到管理班级的作用，使学生的思想不易开小差。隐性启发式问题一方面使学生的思维具有方向，避免盲目性；另一方面为学生理解新知搭建了脚手架，使之顺着这些问题就能够达到理解的巅峰。双基教学在解题训练教学方面，讲究"变式"方法。通过变式训练，明晰概念，归纳解题方法、技巧、规律和思想，促进知识向能力转化。教师不断在"原式"基础上变换出新问题，让学生仿照或模仿或基于"原式"的解法进行问题解决，使学生参与到一种特殊的探究活动中。这种以变式问题形式驱动学生课堂上的学习行为是中国双基教学的又一大特点。

双基教学课堂中大量的"师对生"的问题驱动（提问）使整堂课学生思维都处在一种高度积极的活动之中，思维高速运转，思维不断地被教师的各种问题驱动而推向主动思考的高潮，学生对课堂上教师显性知识的讲解基本能够听懂、弄明白，基本不存在疑问。学生也正是在逻辑地一步步不停地思考老师的各种问题或听老师对各种问题的分析解释的过程中不自觉地建构着知识和对知识的理解，同时对教师的观点、思想和方法做着评价、批判、反思。从这个意义上讲，问题驱动特征导致双基教学是一种有意义学习，而不是机械学习、被动接受，从它的多启发性驱动问题的设置我们可以确信这一点。可见，双基教学教师惯常以问题、悬念引入，教学中教师充分发挥主导作用，不断地以问题驱动，激发学生思维，引起学生反思，使学生潜在而自然地建构知识和对知识的理解，并从中体验学科的价值、思想、观点和方法等。

2. 示范性

双基教学的另一个内隐特征是教师的示范性。表面上看，教师只是在做讲解和板书，而实际上，教学过程中教师不断地提供着样例，做着语言表达的示范、解题思维分析的示范、问题解决过程的示范、例题解法书写格式的示范以及科学思维方式的示范等。如以例题形态出现的知识的应用讲解，教师每一个例题的讲解都分析得清楚、细致，这无形中给学生做了一个如何分析问题的示范、知识如何应用的示范、这类问题如何解决的示范和解决这类问题的方法的使用示范。教师对例题的讲解分析是双基教学中最典型、最重要的示范之一，教师做那么详细的分析，目的之一就是想为学生做个如何分析问题、解决问题的示范，因为分析是解题中关键的一环，学会分析问题、解决问题也是教学目标之一。其中，典型例题的教学是展示双基应用的主要载体，分析典型例题的解题过程是让学生学会解题的有效途径，一方面学生能够理解例题解法，另一方面能从中模仿学习如何分析问题，能够仿照例题解决类似的变式问题。所以，双基教学中教师不仅是知识的讲授者，而且同时也是关于知识的理解、思考、分析和运用的示范者。难怪人们认为双基教学就是记忆、模仿加练习，这里，教师确实提供了各种供学生模仿的示范行为。

然而，如果教师不做出示范，学生就难以在较短的时间内学会这些技能。所以，双基教学中，教师的示范性特征使得基础知识、基本技能的学习掌握变得容易。其实，教师的示范作用十分重要，如刚刚开始接触几何命题的推理证明时，书写表达的示范、思路分析的示范对学生学习几何都是非常有益的。教师的示范是体现在师生共同活动中的，不是教师做学生看的表演式示范。另外，许多时候，教师显性提问让学生回答，学生在表达过程中可能出现许多不太准确的表述，教师在学生回答过程中给予正确的重复，或者在黑板上板书学生说的内容时随时给予更正、规范，学生在回答问题的过程中出现的一些不准确的语言表达得到了修正，同时也为全班学生做了示范，这对学生准确地使用学科语言进行交流是非常有意义的。

3. 层次性

双基教学内隐着一种层次递进性。在教学安排方面，一般是铺垫引入，由浅入深，快慢有度，步子适当，有层次上升。概念原理分析讲解方面，教师多以举例说明，以例引理，以例释理，让学生历经从低层次直观感受到高层次概括抽象。这些都体现了双基教学的层次性。双基教学中，练习占有很重的分量，体现为双基训练。同样，练习安排也具有层次性。在双基训练设计中，习题分层次给出，分阶段让学生训练，先是基本练习，再是变式训练，然后是综合练习，最后是专题练习。学生通过各种层次的练习，能有效地实现知识的内化，理解各种知识状态，熟悉各种应用情境。

4. 巩固性

双基教学的另一个内隐特征是知识经常得到系统回顾，注重教学的各个关口的复习巩固。理论上讲，知识的理解、掌握和应用不是一回事，理解、领会了某种知识可能掌握或记忆不住这一知识，也可能不会运用这一知识，能不能掌握、记住记不住、会不会用与知识的学习理解过程不是一脉相承的，知识的掌握、应用是另一个环节。双基教学的一个优势就是融知识的学习理解与知识的记忆、掌握、应用于一体，新知识学习之后紧接着就是知识的应用举例，再接着是知识的应用练习巩固，进而达到这样一种效果：在应用举例中初步体会知识的应用、增强对知识的理解，在练习训练中进一步理解知识、应用知识、熟练知识、掌握知识、巩固知识，直至熟练运用知识。双基教学中，每堂课第一个环节一般都是复习，组织学生对已学的旧知识做必要的复习回顾，通常包括两类内容：

①对前次课所学知识的温故，其目的在于通过这些知识再现于学生，使之得到进一步巩固；②作为新知识论据的旧知识，不是前次课所学知识，而是学生早先所学现在可能遗忘的，这种复习的目的在于为新知识的教学做充分的准备。

作为复习形式，以提问或爬黑板形式居多。最后一个教学环节是小结，每当新知识学习后教师都要进行小结巩固，即时复习，形式多样，包括对刚学习的新概念、新原理、新定律或公式内容的复述、新知识在解题中的用途和用法以及解决问题的经验概括。这两个教学环节分别对旧知和新知起到巩固作用。教师通常采用复习课形式进行阶段性复习巩固，这种复习课的突出特点是"大容量、高密度、快节奏"。一个阶段所学习的知识技能被梳理得脉络清楚、条理，促使知识进一步结构化；大量的典型例题讲解，使知识的应用能力大大加强，问题类型一目了然，知识的应用范围一清二楚，知识如何应用得到进一步明晰。复习之后就是阶段性测验或考试，这为进一步巩固又提供了机会。至此，我们可以给双基教学一个界定：双基教学是重视基础知识、基本技能教学和基本能力培养的，以教师为主导以学生为主体的，以学法为基础，注重教法，具有启发性、问题驱动性、示范性、层次性、巩固性特征的一种教学模式。

三、新课程理念下"双基"教学

"双基"是指"基础知识"和"基本技能"。中国数学教育历来有重视"双基"的传统，同时社会发展、数学的发展和教育的发展，要求我们与时俱进地审视"双基"和"双基"教学。我们可以从新课程中新增的"双基"内容，以及对原有内容的变化（这种变化包括要求和处理两个方面）和发展上去思考这种变化，去探索新课程理念下的"双基"教学。

（一）如何把握新增内容的教学

这是教师在新课程实施中遇到的一个挑战。为此，我们首先要认识和理解为什么要增加这些新的内容，在此基础上，把握好"标准"对这些内容的定位，积极探索和研究如何设计和组织教学。

随着科学技术的发展，现代社会的信息化要求日益加强，人们常常需要收集大量的数据，根据新获得的数据提取有价值的信息，做出合理的判断。统计是研究如何合理地收集、整理和分析数据的学科，为人们制定决策提供依据；随机现象在日常生活中随处可见；概率是研究随机现象规律的学科，它为人们认识客观世界提供了重要的思维模式和解决问题的方法，同时为统计学的发展提供了理论基础。因此，可以说在高中数学课程中统计与概率作为必修内容是社会的必然趋势与生活的要求。例如，在高二"排列与组合"和"概率"中，有一部分重要内容"独立重复试验"，作为这部分内容的自然扩展，该章中安排了二项分布，并介绍了服从二项分布的随机变量的期望与方差，使随机变量这部分内容比较充实一些。该章第二部分"统计"与初中"统计初步"的关系十分密切，可以认为，这部分内容是初中"统计初步"的十分自然的扩展与深化，但由于学生在学习初中的"统计初步"后直到学习该章之前，基本上没有复习"统计初步"的内容，对这些内容的遗忘程度会相当高，因此，该章在编写时非常注意联系初中"统计初步"的内容来展开新课。再如，在讲抽样方法的开始时重温：在初中已经知道，通常我们不是直接研究一个总体，而是从总体中抽取一个样本，根据样本的情况去估计总体的相应情况，由此说明样本的抽取是否得当对研究总体来说十分关键，这样就会使学生认识到学习抽样方法十分重要。又如在讲"总体分布的估计"时，注意复习初中"统计初步"学习过的有关频率分布表和频率分布直方图的有关知识，帮助学生学习相关的内容。另外，在学习统计与概率的过程中，将会涉及抽象概括、运算求解、推理论证等能力，因此，统计与概率的学习过程是学生综合运用所学的知识，发展解决问题能力的有效过程。

由于推理与证明是数学的基本思维过程，是做数学的基本功，是发展理性思维的重要方面；数学与其他学科的区别除了研究对象不同之外，最突出的就是数学内部规律的正确性必须用逻辑推理的方式来证明，而在证明或学习数学过程中，经常要用合情推理去猜测和发现结论、探索和提供思路。因此，无论是学习数学、做数学，还是对于学生理性思维的培养，都需要加强这方面的学习和训练。因此，增加了"推理与证明"的基础知识。在教学中，可以变隐性为显性、分散为集中，根据以前所学的内容，通过挖掘、提炼、明确化等方式，使学生感受和体验如何学会数学思考方式，体会推理和证明在数学学习和日常生活中的意义和作用，提高数学素养。例如，可通过探求凸多面体的面、顶点、棱之间的数量关系，通过平面内的圆与空间中的球在几何元素和性质上的类比，体会归纳和类比这两种主要的合情推理在猜测和发现结论、探索和提供思路方面的作用。通过收集法律、医疗、生活中的素材，体会合情推理在日常生活中的意义和作用。

（二）教学中应使学生对基本概念和基本思想有更深的理解和更好的掌握

在数学教学和数学学习中，强调对数学的认识和理解，无论是基础知识、基本技能的教学、数学的推理与论证，还是数学的应用，都是为了帮助学生更好地认识数学、认识数学的思想和本质。那么，在教学中应如何处理才能达到这一目标呢？

首先，教师必须很好地把握诸如函数、向量、统计、空间观念、运算、数形结合、随机观念等一些核心的概念和基本思想。其次，要通过整个高中数学教学中的螺旋上升、多次接触，通过知识间的相互联系，通过问题解决的方式，使学生不断加深认识和理解。比如对于函数概念真正的认识和理解，是不容易的，要经历一个多次接触的较长的过程，要通过提出恰当的问题，创设恰当的情境，使学生产生进一步学习函数概念的积极兴趣，帮助学生从需要认识函数的构成要素；需要用近现代数学的基本语言——集合的语言来刻画函数概念；需要提升对函数概念的符号化、形式化的表示等三个主要方面来帮助学生进一步认识和理解函数概念；随后，通过基本初步函数——指数函数、对数函数、三角函数的学习，进一步感悟函数概念的本质，以及为什么函数是高中数学的一个核心概念；再在"导数及其应用"的学习中，通过对函数性质的研究，再次提升对函数概念的认识和理解；等等。这里，我们要结合具体实例（如分段函数的实例，只能用图像来表示等），结合作为函数模型的应用实例，强调对函数概念本质的认识和理解，并一定要把握好对于诸如求定义域、值域的训练，不能做过多、过繁、过于人为的一些技巧训练。

（三）加强对学生基本技能的训练

熟练掌握一些基本技能，对学好数学是至关重要的。例如，在学习概念中要求学生能举出正、反面例子的训练；在学习公式、法则中要有对公式、法则掌握的训练，也要注意对运算算理认识和理解的训练；在学习推理证明时，不仅仅是在推理证明形式上的训练，更要关注对落笔有据、言之有理的理性思维的训练；在立体几何学习中不仅要有对基本作图、识图的训练，而且要从整体观察入手，从整体到局部与从局部到整体相结合，从具体到抽象、从一般到特殊的认识事物的方法的训练；在学习统计时，要尽可能让学生经历数据处理的过程，从实际中感受、体验如何处理数据，从数据中提取信息。在过去的数学教学中，往往偏重于单一的"纸与笔"的技能训练，以及在一些非本质的细枝末节的地方，过分地做了人为技巧方面的训练，如对函数中求定义域过于人为技巧的训练。特别是在对于运算技能的训练中，经常人为地制造一些技巧性很强的高难度计算题，比如三角恒等变形里面就有许多复杂的运算和证明。这样的训练学生往往感到比较枯燥，渐渐地学生就会失去对数学的兴趣，这是我们所不愿看到的。我们对学生基本技能的训练，不是单纯为了让他们学习、掌握数学知识，还要在学习知识的同时，以知识为载体，提高他们的数学能力，增加他们对数学的认识。事实上，随着科技和数学的发展，数学技能的训练，不仅是包括"纸与笔"的运算、推理、作图等技能训练，还应包括更广的、更有力的技能训练。

例如，我们要在教学中重视对学生进行以下的技能训练：能熟练地完成心算与估计；能正确地、自信地、适当地使用计算机或计算器；能用各种各样的表、图、打印结果和统计方法来组织、解释、并提供数据信息；能把模糊不清的问题用明晰的语言表达出来；能从具体的前后联系中，确定该问题采用什么数学方法最合适，会选择有效的解题策略。也就是说，随着时代和数学的发展，高中数学的基本技能也在发生变化。教学中也要用发展的眼光、与时俱进地认识基本技能，而对于原有的某些技能训练，随着时代的发展可能被淘汰，如以前要求学生会熟练地查表，像查对数表、三角函数表等。当有了计算器和计算机以后，就要用能使用计算机或计算器这样的技能替代原来的查表技能。

（四）鼓励学生积极参与教学活动，帮助学生用内心的体验与创造来学习数学，认识和理解基本概念、掌握基础知识

随着数学教育改革的开展，无论是教学观念，还是教学方法，都在发生变化。但是，在大多数的数学课堂教学中，教师灌输式的讲授，学生以机械的、模仿、记忆的方式对待数学学习的状况仍然占有主导地位。教师的备课往往把教学变成了一部"教案剧"的编导的过程，教师自己是导演、主演，最好的学生能当群众演员，一般学生就是观众，整个过程就是教师在活动，这是我们最常规的教学，"独角戏、一言堂"，忽略了学生在课堂教学中的参与。

为了鼓励学生积极参与教学活动，帮助学生用内心的体验与创造来学习数学，认识和理解基本概念，掌握基础知识，在备课时不仅要备知识，把自己知道的最好、最生动的东西给学生，还要考虑如何引导学生参与，应该给学生一些什么、不给什么、先给什么、后给什么；怎么提问，在什么时候，提什么样的问题才会有助于学生认识和理解基本概念、掌握基础知识；等等。例如，在用集合、对应的语言给出函数概念时，可以首先给出有不同背景，但在数学上有共同本质特征（是从数集到数集的对应）的实例，与学生一起分析他们的共同特征，引导学生自己归纳出用集合、对应的语言给出函数的定义。当我们把学生学习的积极性调动起来，学生的思维被激发时，学生会积极参与到教学活动中来，也就会提高教学的效率，同时，我们需要在实施过程中不断探索和积累经验。

（五）借助几何直观揭示基本概念和基础知识的本质和关系

几何直观形象，能启迪思路、帮助理解。因此，借助几何直观学习和理解数学，是数学学习中的重要方面。徐利治先生曾说过，只有做到了直观上理解，才是真正的理解。因此，在"双基"教学中，要鼓励学生借助几何直观进行思考、揭示研究对象的性质和关系，并且学会利用几何直观来学习和理解数学的这种方法。例如，在函数的学习中，有些对象的函数关系只能用图像来表示，如人的心脏跳动随时间变化的规律——心电图；在导数的学习中，我们可以借助图形，体会和理解导数在研究函数的变化，是增还是减、增减的范围、增减的快慢等问题；认识和理解为什么由导数的符号可以判断函数是增是减，对于一些只能直接给出函数图形的问题，更能显示几何直观的作用了；再如对于不等式的学习，我们也

要重视形的结合，只有充分利用几何直观来揭示研究对象的性质和关系，才能使学生认识几何直观在学习基本概念、基础知识，乃至整个数学学习中的意义和作用，学会数学的一种思考方式和学习方式。

当然，教师自己对几何直观在数学学习中的认识要有全面的认识，如除了需注意不能用几何直观来代替证明外，还要注意几何直观带来的认识上的片面性。例如，对指数函数 $y=ax$（$a>1$）图像与直线 $y=x$ 的关系的认识，以往教材中通常都是以 2 或 10 为底来给出指数函数的图象。在这种情况下，指数函数 $y=ax$（$a>1$）的图象都在直线 $y=x$ 的上方，于是，便认为指数函数 $y=ax$（$a>1$）的图象都在直线 $y=x$ 的上方，教学中应避免类似这种因特殊赋值和特殊位置的几何直观得到的结果所带来的对有关概念和结论本质认识的片面性和错误判断。

（六）恰当使用信息技术，改善学生学习方式，加深对基本概念和基础知识的理解

现代信息技术的广泛应用对数学课程的内容、数学教学方式、数学学习方式等方面产生了深刻的影响。信息技术在教学中的优势主要表现在快捷的计算功能、丰富的图形呈现与制作功能、大量数据的处理功能等方面。因此，在教学中，应重视与现代信息技术的有机结合，恰当地运用现代信息技术，发挥现代信息技术的优势，帮助学生更好地认识和理解基本概念和基础知识。例如，在函数部分的教学中，可以利用计算器、计算机画出函数的图象，探索它们的变化规律，研究它们的性质，求方程的近似解，等等。在指数函数性质教学中，可以考虑首先用计算器或计算机呈现指数函数 $y=ax$（$a>1$）的图象，在观察过程中，引导学生去发现当 a 变化时，指数函数图象成菊花般的动态变化状态，但不论 a 怎样变化，所有的图象都经过点（0，1），并且会发现当 $a>1$ 时，指数函数单调增。

通过对高等数学的教学，发现制约高等学校高等数学教学质量的主要原因在于高等学校的数学教学与中学数学教学的脱节。这不仅表现在教材内容的衔接上，也表现在教学中对学生的要求上。例如，求极限时，学生在课堂上不能够使用三角公式进行和差化积，问其原因，学生回答说："高中数学老师说和差化积公式不用记，高考卷子上是给出的，只要会用。"这样做的结果导致学生的基础严重不牢固，给高等数学学习带来障碍和困难。为了改变这种基础教育与高等教育严

重脱节的问题，要求高等学校的教育教学进行改革，从教育教学理念到教材内容进行全方位的改革，使之与当前我国的教学改革相适应。实现基础教育改革的目标与价值，删减偏难怪的内容和陈旧的内容，提升教学内容把精华的部分传授给学生。基础教育阶段要根据"双基"理论加强"双基"教学，为学生后续学习奠定必要的基础。

第六节　初等化理论

高等数学教育属于高等教育，但是又不同于高等教育。它的根本任务是培养生产、建设、管理和服务第一线需要的德智体美全面发展的高等技术应用型专门人才，所培养的学生应重点掌握从事本专业领域实际工作的基本知识和职业技能，所以高等数学就是一门服务于各类专业的重要的基础课。数学在社会生产力的提高和科技水平的高速发展上发挥着不可估量的作用，它不仅是自然科学、社会科学和行为科学的基础，而且也是每个学生必须具备的一门学科，所以高等数学教育应重视数学课；但又因为高校教育自身的特点，数学课又不应过多地强调逻辑的严密性、思维的严谨性，而应将其作为专业课程的基础，采取初等化教学，注重其应用性、学生思维的开放性、解决实际问题的自觉性，以提高学生的文化素养和增强学生就业的能力。

首先从教材上来说，过去的高校的高等数学教材不是很实用，其内容与某些本科院校的高数教材一样难和全面。进入 21 世纪后，教育部先后召开了多次全国高等数学教育产学研经验交流会，明确了高等数学教育要"以服务为宗旨，以就业为导向，走产学研结合的发展的道路"，这为高等数学教育的改革指明了方向。在我们编写的高校教材时，就特别注意了针对性及定位的准确性——以高校的培养目标为依据，以"必需、够用"为指导思想，在体现数学思想为主的前提下删繁就简、深入浅出，做到既注重高等数学的基础性，适当保持其学科的科学性与系统性，同时更凸显它的工具性；另外注意教材编排模块化，为方便分层次、选择性教学服务。在高等数学的教学上，也基本改变了过去重理论轻应用的思想和现象，确立了数学为专业服务的教学理念，强调理论联系实际，突出基本计算能力和应用能力的训练，满足了"应用"的主旨。

我们知道，数学在形成人类理性思维方面起着核心的作用，我们所受到的数学训练、所领会的数学思想和精神，无时无刻不在发挥着积极的作用，成为取得成功最重要的因素。所以，在高等数学的教学中，要尽可能多地渗透数学思想，让学生尽可能多地掌握数学思想。另外数学是工具，是服务于社会各行各业的工具，作为工具，它的特点应该是简单的，能把复杂问题简单化，才应该是真数学。因此，若能在高等数学教学中，用简单的初等的方法解决相应问题，让学生了解同一个实际问题，可以从不同的角度、用不同的数学方法去解决，对拓展学生的学习视野、提高学生学习数学的兴趣与能力都是很有帮助的。

微积分是高等数学的主要内容，是现代工程技术和科学管理的主要数学支撑，也是高校、高专各类专业学习高等数学的首选。要进行高校高专的高等数学的教学改革，对微积分教学的研究当然要首当其冲。所谓微积分的初等化，简单地说就是不讲极限理论，而直接学习导数与积分，这种方法也是符合人们的认知规律与数学的发展过程的。纵观微积分的发展史，是先有了导数和积分，后有的极限理论。因为实际生活中的大量事物的变化率问题的存在，有各种各样的求积问题的存在，才有了导数和定积分的；为使微积分理论严格化，才有了极限的理论。学习微积分，是由实际问题驱动，通过为解决实际问题而引入、建立起来的导数与积分概念的过程，使学生学会数学地处理实际问题的思想与方法，提高他们举一反三用数学知识去解决实际问题的能力。按传统的微积分内容的教学处理，数学这种强烈的应用性被滞后了，因为它要先讲极限理论，而在初等化的微积分中，上来就从实际问题入手，撇开了极限讲导数、讲积分，正好顺应了用"问题驱动数学的研究、学习数学"的时代潮流。在初等化的微积分中，积分概念就是建立在公理化的体系之上的，由积分学的建立，学生可以了解数学公理化体系的建立过程，学习公理化方法的本质，学习如何通过分析的方法，从纷繁的事实中找出基本出发点，用讲道理的逻辑方式将其他事实演绎出来，这对学生将来用数学是大有益处的，也为将来进一步学习打下了基础。

在初等化微积分中，通过对实际问题的分析引入了可导函数的概念，使学生清楚地看到，问题是怎样提出的、数学概念是如何形成的。类比中学已经接触到的用导数描述曲线切线斜率的问题，使学生了解到同一个实际问题可以用不同的数学方式去解决的事实，从而可以有效地培养学生的发散思维及探索精神。在高等数学初等化教学中，极限的讲述是描述性的，而不用语言的，难度大大下降，体现了数学的简单美。

在微积分的教学中，不仅要渗透数学思想，同时也要兼顾学生继续深造的实际情况。所以高等数学中微积分初等化的教学可以这样进行：

一、微分学部分

微分学部分采取传统的"头"+初等化的"尾"的讲法，即"头"是传统的，按传统的方法，依次讲授"极限—连续—导数—微分—微分学的应用"，其中极限理论抓住无穷小这个重点，使学生掌握将极限问题的论证化为对无穷小的讨论的方法；"尾"引进强可导的概念，简单介绍可导函数的性质及与点态导数的关系，把"微分的初等化"作为微分学的后缀，为后面积分概念的引进及积分的计算奠定基础，架起桥梁。此举不仅在于使学生获得又一种定义导数的方法，而且更重要的是，可以揭去数学概念神秘的面纱，开阔学生的眼界，丰富学生的数学思维，激发学生敢于思考、探索、创造的信心。

二、积分学部分

积分学部分采取初等化的"头"+传统的"尾"的讲法，积分学的"头"通过实际问题驱动，引入、建立公理化的积分概念，再利用可导函数的相关性质推出牛顿-莱布尼茨公式，解决定积分的计算问题。最后从求曲边梯形面积外包、内填的几何角度，介绍传统的积分定义的思想。这样处理的结果，不但使学生学习了积分知识，而且能够使学生学到数学的公理化思想，学到解决实际问题的不同数学方法，对培养、提高学生的数学素质是大有好处的。

设想二：

由于导数、积分等概念只不过是一种特殊的极限，若将极限初等化了，导数、积分等自然就可以初等化了，所以可以不改变原来传统的微积分的讲授顺序，只是重点将极限概念初等化一下即可，也就是不用语言，而是用描述性语言来讲极限这样的讲法，虽然与传统的微积分教学相比没有太大的改动，但能使学生对与极限有关知识的学习，不仅有了描述性的、直观的认识，而且能对与极限有关问题进行证明，实现了培养、提高学生论证的数学思想与能力的目的。

在高等数学教学中，用简单的初等化方法教学，既能符合高校教育的特点，满足高校学生的现状，也能让学生掌握应有的高数知识和数学思想，对提高学生的素质和将来的深造都能打下良好的基础。

第二章 高等数学教学的必要性

第一节 数学在高等教育学科中的地位

在科学技术高速发展的今天，数学应用的触角几乎伸向一切科学技术领域和社会管理层面，数学的广泛应用势必要求各类专业人员具备相当的数学应用能力。应用数学能力是人才能力结构中的基础关键能力。人才培养目标的应用型定位，决定了数学的基础地位和工具地位。体现在数学教育上，则必须大力加强数学应用能力的培养。围绕学校定位，结合 21 世纪知识经济时代的科技发展趋势和对人才培养的要求，探讨人才培养的数学课程教学改革，更加有效地促进学生的科技创新能力及科学思维方法和素养的提高。改革的途径是改进课程体系、教学内容和考核方式，使学生能够自主学习，获得更多、更合理的知识，增强学生用数学知识解决实际问题的能力。

一、高等数学教学的现状分析

数学这门学科经历了几十年的积累，课程体系和内容结构都更加完善，多年来一直一成不变地呈现在授课教师和学生面前。由于教学内容和教学方法的陈旧和课程内容的抽象难懂，导致学生学习的兴趣极低，多数学生只能通过对某些公式、定理的死记硬背以求及格成绩，达到获得学分的目的。虽然课程的任务完成了，但学生学习的效果却保证不了，更不利于培养学生的创新能力。

（一）教学内容过于数学化，缺乏技能性训练

在数学课上讲授定义概念，推导定理，通过习题训练使学生掌握数学知识是

学习数学的必要步骤，本无可非议，但当前的教学过程往往过于强化对概念、定理的学习和推证，强调学生对习题的求解方法和技巧的训练，而忽视对实际问题分析能力的培养。学生对实际问题的数学化能力欠缺，处理数据能力薄弱，对专业知识的学习和技能的提高没有发挥应有的作用，多数学生只会解题，而不会分析实际问题，造成学生学习数学的积极性不高甚至有抵触情绪。

（二）教学手段与信息技术发展脱节

计算机技术和网络技术日益影响着当代大学生的学习和生活，但当前的教学环境并没有充分发挥现代教育手段的优越性。虽然在教学过程中较多采用了多媒体教学手段，但实践表明在当前的高等数学教学体系下，教师使用多媒体教学不够灵活，多媒体课件内容机械照搬教材，教学效果远不及传统的黑板教学方式。在不改变当前教学体系的情况下，高等数学的信息化改革很难大幅度推进。

（三）数学课程与专业课严重脱节

现行的教学体制一般是将学生分为理工科、文科两个不同的层次进行高等数学课程教学，但这样简单地区分并不能很好兼顾专业特色和需求，这样就出现了许多高等数学内容对专业知识的学习没有任何的帮助，而在专业课中需要掌握和强化的数学知识在高等数学课上又简单处理这种矛盾现象。教师在教学过程中对教学内容基本采用"一刀切"的处理方式，没有根据专业特点有所侧重。考试统一命题，不能根据专业特色起到积极的引导作用。而学生在学习过程中完全处于被动地位，不了解高等数学与本专业之间的联系，学生认为数学课完全是一门孤立的基础课，对其重要程度认识不够，学习起来不够重视。可以说，传统的数学课教学与专业课教学脱节较为严重，没有有机地结合起来。

由于教师教学任务重课时分配少，教师在教学的过程中则对某些内容进行精简，很多定理、性质只做介绍不做具体的证明和推导，所以学生接收到的信息太过理论化，再加上对大量的练习感到枯燥无味，很多学生对数学课程抱着排斥的心理，这样既影响课堂听课效率也降低了学习效率，导致教学目标难以实现。

二、高等数学的主要学习内容和教学目的

（一）高等数学的主要学习内容

我们要学习的《高等数学》这门课程包括极限论、微积分学、无穷级数论和微分方程初步，最主要的部分是微积分学。

微积分学研究的对象是函数，而极限则是微积分学的基础（也是整个分析学的基础）。通过学习《高等数学》这门课程要使学生获得：函数、极限、连续；一元函数微积分学；多元函数微积分学；无穷级数（包括傅立叶级数）；常微分方程等方面的基本概念、基本理论和基本运算技能，为学习后继课程奠定必要的数学基础。通过各个教学环节培养学生的抽象概括能力、逻辑推理能力和自学能力，还要特别重视培养学生比较熟练地运算能力和综合运用所学知识去分析问题和解决问题的能力。

数学学科是理工科专业必修课，跟后续课程息息相关，是重要的基础课。数学是一门极能锻炼学生思维能力以及耐心和定力的学科。数学教学的主要目的就是培养学生使用数学知识去分析和解决问题的能力。譬如一些定理或定义只能记忆一时，而独有的数学思维和推理方法却能长久发挥作用，甚至一生受用。现在数学已经渗透到各个学科、各个科学领域，随着知识经济社会的发展，各领域中的研究对象数量越发增多，特别是计算机在各领域的广泛应用。所以，社会向人们提出了一个迫切的要求：要想成为适应社会发展要求的现代人，就必须具备一定的数学素养。因此，对现在大学生来说，学好数学对学业和其他相关课程很重要，对将来更好地融入社会更重要。

（二）高等数学的教学目的

高等数学是高等学校中经济类、理工类专业学生必修的重要基础理论课程。数学主要是研究现实世界中的数量关系与空间形式。在现实世界中，一切事物都在不断地变化着，并遵循量变到质变的规律。凡是研究量的大小、量的变化、量与量之间的关系以及这些关系的变化，就少不了数学。同样，一切实在的物皆有

形，客观世界中存在着各种不同的空间形式。因此，宇宙之大，粒子之微，光速之快，世界之繁，无处不用到数学。

数学不但研究现实世界中的数量关系与空间形式，还研究各种各样的抽象的"数"和"形"的模式结构。

恩格斯说："要辨证而又唯物地了解自然，就必须掌握数学。"英国著名哲学家培根说："数学是打开科学大门的钥匙。"著名数学家霍格说："如果一个学生要成为完全合格的、多方面武装的科学家，他在其发展初期就必定来到一座大门并且通过这座门。在这座大门上用每一种人类语言刻着同样一句话：'这里使用数学语言'"随着科学技术的发展，人们越来越深刻地认识到：没有数学，就难于创造出当代的科学成就。科学技术发展越快越高，对数学的需求就越多。

如今，伴随着计算机技术的迅速发展、自然科学各学科数学化的趋势、社会科学各部门定量化的要求，使许多学科都在直接或间接地，或先或后地经历了一场数学化的进程（在基础科学和工程建设研究方面，在管理机能和军事指挥方面，在经济计划方面，甚至在人类思维方面，我们都可以看到强大的数学化进程）。联合国教科文组织在一份调查报告中强调指出："目前科学研究工作的特点之一是各门学科的数学化。"

随着科学技术的发展，使各数学基础学科之间、数学和物理、经济等其他学科之间相互交叉和渗透，形成了许多边缘学科和综合性学科。集合论、计算数学、电子计算机等的出现和发展，构成了现在丰富多彩、渗透到各个科学技术部门的现代数学。

"初等"数学与"高等"数学之分完全是依据惯例形成的。可以指出习惯上称为"初等数学"的这门中学课程所固有的两个特征：

第一个特征在于其所研究的对象是不变的量（常量）或孤立不变的规则几何图形；第二个特征表现在其研究方法上。初等代数与初等几何是各自依照互不相关的独立路径构筑起来的，使我们既不能把几何问题用代数术语陈述出来，也不能通过计算用代数方法来解决几何问题。

16世纪，由于工业革命的直接推动，对于运动的研究成了当时自然科学的中心问题，这些问题和以往的数学问题有着原则性的区别。要解决它们，初等数学已不够用了，需要创立全新的概念与方法，创立出研究现象中各个量之间的变化的新数学。变量与函数的新概念应时而生，导致了初等数学阶段向高等数学阶段的过渡。

高等数学与初等数学相反，它是在代数法与几何法紧密结合的基础上发展起来的。这种结合首先出现在法国著名数学家、哲学家笛卡儿所创建的解析几何中。笛卡儿把变量引进数学，创建了坐标的概念。有了坐标的概念，我们一方面能用代数式子的运算顺利地证明几何定理，另一方面由于几何观念的明显性，使我们又能建立新的解析定理，提出新的论点。笛卡儿的解析几何是数学史上一项划时代的变革，恩格斯曾给予高度评价："数学中的转折点是笛卡儿的变数。有了变数，运动进入了数学，有了变数，辩证法进入了数学，有了变数，微分和积分也就成为必要的了。"

有人作了一个粗浅的比喻：如果将整个数学比作一棵大树，那么初等数学是树根，名目繁多的数学分支是树枝，而树干就是"高等分析、高等代数、高等几何"（它们被统称为高等数学）。这个粗浅的比喻，形象地说明这"三高"在数学中的地位和作用，而微积分学在"三高"中又有更特殊的地位。学习微积分学当然应该有初等数学的基础，而学习任何一门近代数学或者工程技术都必须先学微积分。

英国科学家牛顿和德国科学家莱布尼茨在总结前人工作的基础上各自独立地创立了微积分，与其说是数学史上，不如说是科学史上的一件大事。恩格斯指出："在一切理论成就中，未必再有什么像17世纪下半叶微积分学的发明那样被看作人类精神的最高胜利了。"他还说："只有微积分学才能使自然科学有可能用数学来不仅仅表明状态，并且也表明过程、运动。"时至今日，在大学的所有经济类、理工类专业中，微积分总是被列为一门重要的基础理论课。

三、从培养定位来思考数学教学

顺应社会经济建设的现代化和高等教育的大众化的要求，应用型人才教育越来越受到重视。传统的高等学校教学中过于重视理论知识的传授，忽略了对学生的实践能力和创新能力的培养的问题，与社会要求严重脱节。所以以下几个方面迫切需要思考和解决：首先，突出课程设计的应用性。在本科教育中虽然让学生按照培养计划掌握一定的专业知识是必要的，但也要考虑到学生在将来工作中的适应性和实践能力。其次，突出教学的实践性。在教学中重视实践教学，培养学生的实践应用和创新能力。最后，突出课程内容的实用性。根据实践的需要调节各个层次知识的比例，不要学习太过深入的理论，教会学生一些推导的方法，以达到用理论服务实践的目的。在数学课程教学中，内容上必须强调应用的目的，突出实践性和应用性。比如在教育专业，笔者做了一点尝试性的创新：减少理论内容，降低难度；重要定理的推导过程只给出数学思想不做详细解释；突出应用性内容，特别是跟实际生活密切相关的内容；注重计算能力，服务于专业课程。

第二节　数学教学对培养应用型人才的重要意义

本科教学中的数学在大学所有专业中是一门非常重要的课程。作为一门基础性学科，学好数学能为今后工作提供极大的方便，拥有数学能力，是一个高素质人才的基本条件之一。教师在实际教学过程中，应该着重培养学生学习数学的相关能力。例如对数学的观察想象能力，推理数学的逻辑能力与运算能力，将这些能力对学生加以综合性的培养，可以帮助学生解决实际问题。学生只有提高了相关能力，才能将数学题目顺利解决，我国当前推崇素质教育，在素质教育环境下，将学生提高数学基础知识工作做好是非常重要的。学生在进入大学之前的数学基础不同，决定了学生接受数学知识的能力。基于上述原因，为了符合素质教育的相关要求，积极发展数学教学对培养符合社会需求的应用型人才具有重要意义。

一、培养数学教学应用型人才的重要举措

（一）教学内容整合与课程体系改革

为了适应社会发展对人才培养的要求，可从以下几个方面对数学教学内容进行改革：

1. 引入数学史知识

一方面可以活跃课堂气氛提高学生学习的兴趣，另一方面通过介绍数学家的奋斗历程可以激发学生发现问题、研究问题的积极性。

2. 对教学内容进行整合，吐旧纳新，重视引入现代内容

在教学中注重各学科的互相渗透，过于抽象的理论可以简要介绍甚至可以淡化，对概念强调理解、对公式强调应用，注重学生综合应用能力的培养。

3. 增强应用性

现在高校越来越重视数学培养学生在实际工作中解决问题的能力，所以在内容选择上应该增加应用，使应用和理论有机结合起来。例如根据学科特点使用数学教材时，引入经济学、生物学、物理学、电学、医学等领域的例子，用这些鲜活的例子增强学生的应用意识，使学生认识到数学不再是枯燥的计算和定义、定理，也是现实生活中解决实际问题的工具，实现提高学生学习兴趣的目的。

4. 强化数值计算的训练

很多理工科的专业课程都用到数学的计算，所以强化计算的训练可以帮助学生学好专业课程，对将来从事专业方向的工作也是有积极作用的。

（二）引入数学建模思想与增加数学实验

数学建模是近年来新发展起来的交叉学科，以建立一个数学模型来描述生活中的实际问题为主要研究内容，并用数学的概念、方法和理论进行深入讨论，最后得出最佳解决方案。在建立模型的过程中会用到很多数学课程，例如微积分、几何、微分方程、概率论等。通过数学建模，学生可以把各种理论融合在一起，达到贯通的目的。在数学教学中引入数学建模的思想是必要的，既可以改变重理论轻应用的现状，又能够启发学生的思维，并且在教学过程中培养学生深入理解问题、分析问题和解决问题的能力，提高学生学习的兴趣，拓宽解决问题的思路，实现培养应用能力的目的。

数学实验是在现代技术发展中形成的独特的研究方法，既不同于传统的演绎法也不同于传统应用型人才培养模式下数学教学改革探索的实验法，而是介于二者之间的新方法。在数学教学中引入数学实验可以直观地展示抽象的理论，不但有利于学生对知识的理解，还能培养学生运用计算机解决问题的能力。这样的演示既加深了学生对定义的理解，也有利于学生认识定积分的几何意义。

（三）充分利用多媒体和互联网为教学服务

数学中大部分内容都是定义、性质、定理、推论，这些内容都比较抽象，完

全按照课本内容讲解，学生会感到很难理解、枯燥乏味；而那些定理、推论等内容太过抽象，对学生的空间想象能力和推理能力要求很高。如果完全用传统的板书授课，无法展现一些复杂的推理过程和空间结构，学生理解起来很困难，往往效果事倍功半。

多媒体将图、文、动画等合理地结合成一体，能够更加直观、清晰地展示教学内容，不但学生理解起来容易，而且也能激发学生的学习热情，还能够实现学生自主学习为主，教师引导为辅的教学模式，达到培养学生自主思考、解决问题的能力。教师也能够节省书写板书的时间，在有限的时间里大大提高课堂教学效率。借助多媒体来辅助数学教学能够达到事半功倍的效果。

但是应该强调多媒体在教学中的地位是"辅助"，不宜过多，而且多媒体包含的内容多、播放过快导致学生没有时间进行空间思考或是做课堂笔记。过多地依赖多媒体，很多老师就会把多媒体当成了大屏幕教材，从而不愿意深挖教材内容，甚至变成了"放映员"，违背了课堂教学以教师为主体的原则。所以合理、有度地利用多媒体来辅助教学才是改革的方向。

二、完善数学教学改革措施，构建数学课程改革保障体系

（一）以学生需求为导向，分层次立体化实施数学教学

高校在设置课程体系时，除了根据"四个模块"进行分类教学，还要根据各专业特点及人才培养规格特征，将各模块进行层次类别划分，以满足不同类型、不同层次学生对数学的需求，从而实现数学分层次立体化教学模式。如将数学在按照土建、测绘类，机械材料、交通运输、电气信息类，经管类，人文社科类分为A、B、C、D四个模块的基础上，又将每个模块分为I、II两级，按照学生的层次，采取不同教学计划进行教学，形成立体化的交织网络。同时，我们依据不同类别学生的特点，分类制定教学大纲，按类选用教材。

（二）以模块建设为平台，打造具有专业工程素养的教学团队

以"四个模块"建设为平台，遴选优秀教师作为各课程模块负责人，并在此基础上，组建结构合理的教学团队。同时，学校还要在专业院系聘请一批数学基

础扎实、工程实践经验丰富的青年博士，参与到数学课程教学和模块建设中。此外，我们通过引进、培训、进修，"导师制"的实施，青年教师过"三关"等方式，不断提高教师的教学水平和业务能力，逐步打造一支政治素质高、业务素质强、结构合理，具有一定工程专业知识的数学教师队伍。

（三）以制度建设为抓手，建立完善的教学质量监控体系

通过统一制定各模块的数学教学大纲和授课计划，制定数学课程建设的各种规章制度，如教材选用制度，教考分离制度，集体备课制度，开新课和新开课教师试讲制度等等，使得教师教学工作有规可循，有章可遵，教学规范性进一步增强。我们还充分发挥校、院（系）两级督导的监督指导作用，充分发挥学生评教、教师评学和毕业生质量跟踪调查等质量保障与监控体系的作用，确保课堂教学质量。

第三节 高等数学教学与数学应用能力的关系

一、大学生数学应用能力的含义

大学生数学应用能力通常指应用高等数学知识和数学思想解决现实世界中的实际问题的能力。这里的"实际问题"是指人们生活、生产和科研等实际问题。

从认知心理学关于"问题解决"的观点看来，数学应用能力是指在人脑中运用数学知识经过一系列数学认知操作完成某种思维任务的心理表征。问题解决一般包括起始状态、中间状态和目标状态。这三者统称为问题空间。数学应用能力也可以理解为在问题空间进行搜索，通过一系列数学认知操作后使问题由起始状态变化为目标状态的能力。

二、数学应用能力的结构分析

数学应用能力是一种十分复杂的认知技能，从它的心理表征来分析，基本的数学认知操作包括：数学抽象、逻辑推理和建模。因此，数学应用能力的基本成

分是数学抽象能力、逻辑推理能力和数学建模能力。复杂的数学应用能力由它们组成。例如，数学证明能力和数学计算能力就是由一系列逻辑推理组成的。在解决实际问题的过程中，往往需要综合运用各种不同的基本知识操作才能完成。

数学抽象包括数量与数量关系的抽象，图形与图形关系的抽象。数学抽象就是把现实世界与数学相关的东西抽象到数学内部，形成数学的基本概念：研究对象的定义，刻画对象之间关系的术语和运算（或操作，指转换性概念）。这是从感性具体上升到理性的思维过程。

逻辑推理是指从已有的知识推出新结论，从一个命题判断到另一个命题判断的思维过程。包括演绎推理和归纳推理。归纳推理是命题内涵由小到大的推理，是一种从特殊到一般的推理，通过归纳推理得到的结论是或然的。借助归纳推理，从经验过的东西出发推断未曾经验过的东西。演绎推理是命题内涵由大到小的推理，是一种从一般到特殊的推理，通过演绎推理得到的结论是必然的。借助演绎推理可以验证结论的正确性，但不能使命题的内涵得到扩张。各种命题、定理和运算法则的形成和应用都是通过推理来实现的。

推理必须合乎逻辑，符合规律性。数学内部的推理必须符合数学规则。应用到某一专业领域内的推理，还必须符合该特定专业领域内的规律性。

数学建模指用数学的概念、定理和思维方法描述现实世界中的那些规律性的东西。数学模型使数学走出数学的世界，构建了数学与现实世界的桥梁。通俗说，数学模型是用数学的语言表述现实世界的那些数量关系和图形关系。数学模型的出发点不仅是数学，而且还包括现实世界中的那些将要表述的东西；研究手法需要从数学和现实这两个出发点开始；价值取向也往往不是数学本身，而是对描述学科所起的作用。用数学建模的话说，问题解决也可以简单地表述为建模—解模—验模。

平常所说的数学能力泛指应用数学解决数学以外现实世界中的实际问题和解决数学内部的问题的能力。显然，数学应用能力和数学能力应用范围不同，数学能力包括数学应用能力。二者的基本能力是相同的。

三、数学应用能力与数学知识

数学应用能力是和数学知识结构密切联系的。所谓问题空间，实际上即是与问题解决相关的知识网络空间。问题空间中的每一个节点代表一种知识状态，问题解决就是在问题空间中移动节点。即从一个节点移动到另一节点，使问题解决者达到或进入不同的知识状态。移动本身就是一个搜索过程。在问题解决过程中始终存在着认知操作活动，它包括了一系列有目的指向的、缩小问题空间的搜索及推理判断等思维过程。如果知识结构优化、丰富，那么在解决问题时，就能迅速地进入问题解决的起始状态，寻找到解决问题的规则，即在知识网络中搜索的距离短，进程快，决策也快，问题解决就容易，效率就高，说明解决问题的能力强。如果没有数学知识，何以谈数学应用能力？从数学的产生和发展看，数学知识和数学应用能力是同生同长，对立统一的。知识是问题解决的基础，是应用能力的基础。反过来，在问题解决过程中，能力又可使知识结构优化、充实。一方面，将与问题解决相关的专业知识融入进来，引起结构重组；另一方面，那些有用的知识会因反复运用变得更牢固。

四、数学应用能力与练习

数学应用能力是技能性的，它的培养和提高必须加强练习。

1. 练习使知识程序化

即将陈述性知识转化为程序性知识，前者在执行时依靠意识驱动，想一步才执行一步，比较慢。后者按"条件上操作"形式满足条件就行动。

2. 使规则合理联结

即将一系列相关的有用的产生式规则合理联结或聚合成更大的产生式规则。一系列产生式规则在成功地操作以后会变得更强更稳定，并又增加了将来遇到类似情境时再运用该规则的概率，使应用能力得以增强。使相关的有用的知识由短时的记忆转为长时记忆。

3. 执行速度快、准确

如果训练有素，则逻辑推理、执行规则快速、流畅，而且条件和操作更加匹配，更善于识别各种条件和条件之间的差异，使操作变得更加精确、适当；数学抽象、建模能力强，转换快，决策快。这些都意味着问题解决能力增强。

在解决实际问题的过程中，人们创造性地应用已有的知识经验，灵活地运用各种操作，根据问题情景的需要，重新构建或组合这些知识，创造有社会价值的新产品，这就是创新能力。创新能力是应用能力的最高境界。

五、学生数学应用能力培养与高等数学教学的关系

在高校，数学专业以外的学生数学知识的增长和数学应用能力的增强都是通过高等数学的教学来实现的。由此可以得出如下重要结论：在高等数学教学中，为了加强学生数学应用能力的培养，有两个"必须做到"：1.必须重视知识传授，建构优化、实用的高等数学知识结构，这是应用能力培养的基础；2.必须加强练习，练习是加强学生数学应用能力的必要途径。这两条是加强学生数学应用能力培养的关键。

在今天高等教育步入大众化阶段的情况下，在地方性普通高校中，学生中有相当一部分人数学基础差，在高等数学的教学中，忽视能力培养的现象有所加剧，启发性减少了，有的甚至习题课被取消了，严重阻碍了能力培养功能的发挥。这种靠削弱能力培养加大知识传授力度的做法是违反认知规律的，只会使学生死记、硬背，能力更差，不符合教育的培养目标。因此，如何正确处理好传授知识与培养能力的关系，加强学生数学应用能力的培养，是地方性普通高校高等数学教学改革亟待解决的问题。

讲改革，不是重复过去，停留在原来水平上。改革必须有时代性。即必须与现代科技发展、数学自身发展相适应。要做到这一点，还必须正确处理好数学知识的继承与现代化的关系问题。

总结起来，用现代认知心理学和课程论、教学论的基本理论做指导，正确处理好传授知识与培养能力的关系，数学知识的继承与现代化的关系，实行教学内容、教学方法和教学模式的改革，构建精简、优化和实用的高等数学的知识结构，建立完备的稳定的能力培养体系。三条渠道协调配合，促进学生数学知识的增长与数学应用能力的增强协调发展，使学生具有扎实的高等数学基础知识、较宽的知识面和较强的数学应用能力。

第四节　高等数学教学与思维能力培养的关系

在高等数学知识体系中，许多的数学思想、方法都蕴含在大量的概念、定理、

法则与解题过程中。所以，高等数学的教学不仅是知识的灌输，而应该在教学过程中，既传授丰富的知识，又传授基本的数学思想方法，让学生学会去"想数学"，学会运用数学思想方法，获得终身受益的思想方法。

一、命题与推理的教学

判断是肯定或否定思维的对象具有或不具有某种属性的一种思维形式。在数学中，表示判断的语句成为数学命题，因为判断可真可假，所以命题亦可真可假。在数学中，根据已知概念和公理及已知的真命题，遵循逻辑规律运用逻辑推理方法推导得出的真实性命题成为定理。

所谓推理是指由一个或几个已知的判断推导出一个或几个新命题的思维形式，是探求新结果，由已知得到未知的思维方法，在人们的认识过程和数学学习研究中有着巨大的作用，它不但可以使我们获得新的认识，也可以帮助我们论证或反驳某个论断。

一个推理包含前提和结论两个部分，前提是推理的基础，它告诉我们已知的知识是什么；结论是推理的结果，即依据前提所推出的命题，它告诉我们推出的新知识是什么。众所周知，数学是一门论证科学，它的结论都是经过证明才得到肯定的，而证明便是由一系列推理构成的。在数学中，不论是定理的证明，公式的推导，习题的解答以至在实践中运用数学方法来解决问题，都需要用逻辑推理。因此，正确掌握和运用逻辑推理，对于数学学习和提高学生的逻辑论证能力都是非常重要的。

数学中的推理有以下三种分类方法：

（1）根据推出的知识的性质，推理分为或然性的推理和必然性的推理。如果推理得出的知识是或然性的——其真实性可能对也可能不对，这样的推理称为或然性推理；如果推理得出的知识真实可信，结论正确无误，这样的推理称为必然性推理，也称确实性推理。

（2）根据推理所依据的前提是一个或多个而将推理划分为直接推理和间接推理。

（3）根据推理过程的方向，将推理分为归纳推理、演绎推理和类比推理。

以下分别就数学中最常见的归纳推理、演绎推理和类比推理予以论述：

1. 归纳推理

所谓归纳推理是从特殊事例中概括出一般的原理或方法的思维形式。简言之，归纳推理是由特殊到一般的推理。它从个别的、单一的事物的数与量的性质、特点和关系中，概括出一类事物的数与量的性质、特点和关系，并且由不太深刻的一般到更为深刻的一般，由范围不太大的类到范围更为广泛的类，在归纳过程中，认识从单一到特殊再到一般。总体来说，人们的认识过程是从观察和试验开始的，在观察和试验的基础上，人们的思维便逐步形成了抽象和概括。在把各个对象的特殊情形概括为一般性的认识过程中，便能建立起概念和判断，得出新的结论，在这个过程中离不开归纳推理。

归纳有三个方面的基本作用：

（1）归纳是一种推理方法，从它可以由两个或几个单称判断或特称判断（前提）得出一个新的全称判断（结论）。

（2）归纳是一种研究方法，当需要研究某一对象集（或某一现象）时，用它来研究各个对象（或各种情况），从中找出各个对象集所具有的性质（或者那个现象的各种情况）。

（3）归纳还是一种教育学的方法。

人们为什么运用归纳推理能从个别事例归纳一般性的结论呢？这是因为客观事物中，个别中包含一般，而一般又存在于个别之中，这样一来，同类事物必然存在相同的属性、关系和本质。世间一切现象的发生，并非都是毫无秩序、杂乱无章的，而是有规律的，这一规律性，就表现在各个现象的性质以及各过程的不断重复中，而这种重复性正好成为归纳推理的客观基础。

归纳推理有完全归纳推理和不完全归纳推理：由于观察了某类中全体对象都具有某种属性，进而归纳得出该类也具有这种属性，这种推理称之为完全归纳推理；如果由观察、研究某类中一些事物具有某种属性，就归纳出该类全体也具有这种属性，这种推理称之为不完全归纳推理。

2. 演绎推理

所谓演绎推理是指根据一类事物都具有的一般属性、关系和本质来推断该类中个别事物所具有的属性、关系和本质的推理方法。简言之，它是从一般到特殊的推理。

演绎推理的典型形式是三段论式。在三段论式中，我们把关于一类事物的一般性判断称作大前提，把关于属于同类事物的某个具体事物的特殊判断称作小前提，把根据一般性判断和特殊判断而对该具体事物做出的新判断称作结论，这样一来三段论式的结构通常就由大前提、小前提和结论三部分构成。那么，三段论式推理便是这样一种推理过程：由大前提提供一个关于一类事物的一般性判断，由小前提提供一个关于某个具体事物的特殊判断，然后通过大前提与小前提之间的关系得出结论。三段论式中如果大前提和小前提都真实，则根据三段论式推出来的结论必定真实。因此，三段论式作为演绎推理是一种严谨的推理方法。它是数学中被广泛应用的一种推理方法。

3. 类比推理

所谓类比推理是指根据两个或两类对象有一部分属性相类似，推出这两个或两类对象的其他属性亦相类似的思维形式。简言之，类比推理是一种从特殊到特殊，从一般到一般的推理。物理学家开普勒说过："我最珍视类比，它是我最可靠的老师。"这就道出了类比在科学中的作用和意义。

科学研究（包括数学学习）本身就是利用现有知识来认识未知对象以及对象未知方面的活动。人们在向未知领域探索的时候，常常把它们与已知领域作对接，找出它们与熟悉对象之间的共同点，再利用这些共同点作为桥梁去推测未知方面。人类的许多发明创造和某一学科的新概念、新体系的提出，开始往往是从相似的事物、对象的类比中得到启发并进行引申，深入下去获得成功的。

利用类比可以使我们获得新知识、新发现，也可以使我们在论证过程中增强说服力。对数学学习来说，类比确实可以帮助学生发现有意义的真命题。况且类比推理常常成为联系着新旧知识的一种逻辑方法，所以它在数学的教与学中是常用的推理方法。如果学生一旦养成了类比的习惯，掌握了一定的方法要领，思路就会变宽，思维就会活跃。因此，类比推理在数学学习中有着重要的意义，它是一种不可缺少的思维形式。

由于类比推理的客观根据只是对象间的类比性，类比性程度高，结论的可靠性程度就高；类比性程度低，结论的可靠性程度就低。对象间的类比可能是主要的、本质的、必然的，也可能是次要的、表象的、偶然的。如果对象间的共有属性是主要的、本质的、必然的，那么结论就是可靠的；如果对象间的共有属性是次要的、表象的、偶然的，那么推移属性就不一定可靠。因此类比推理的结论具有或然性质，可能正确也可能错误，要真正确认结论是否正确，还必须通过证明：

所以类比推理不是论证，由类比推理得到的判断，只能作为猜想或假设。

类比法的形式比较简单，因此在数学发现中有着广泛的应用。比如，数与式之间，平面与空间之间，一元与多元之间，低次与高次之间，相等与不相等之间，有限与无限之间等，都可以进行类比。

定理是数学知识体系中的重要组成部分，也是后继知识的基础和前提，因此，定理教学是整个教学内容中的一个重要环节。所以在定理教学中应注意以下方面：

1. 要使学生了解定理的由来

数学定理是从现实世界的空间形式或数量关系中抽象出来的，一般说来，数学中的定理在现实世界中总能找到它的原型。在教学中，一般不要先提出定理的具体内容，而尽量先让学生通过对具体事物的观察、测量、计算等实践活动，来猜想定理的具体内容。对有些较抽象的定理，可以通过推理的方法来发现。这样做有利于学生对定理的理解。

2. 要使学生认识定理的结构

这就是说，要指导学生弄清定理的条件和结论，分析定理所涉及的有关概念、图形特征、符号意义，将定理的已知条件和求证准确而简练地表达出来，特别要指出定理的条件与结论的制约关系。

3. 要使学生掌握定理的证明思路

定理的证明是定理教学的重点，首先应帮助学生掌握证明的思路和方法。为此，在教学中应加强分析，把分析法和综合法结合起来使用。一些比较复杂的定理，可以先以分析法来寻求证明的思路，使学生了解证明方法的来龙去脉，然后用综合法来叙述证明的过程。叙述要注意连贯、完整、严谨。这样做，使学生对定理的理解，不仅知其然，而且知其所以然，有利于掌握和应用。如利用极限的 ε-N、ε-δ 定义去验证极限时采用的就是分析综合法。

4. 要使学生熟悉定理的应用

一般说来，学生是否理解了所讲的定理，要看他是否会应用定理，事实上，懂而不会应用的知识是不牢靠的，是极易遗忘的。只有在应用中加深理解，才能真正掌握，因此，应用所学定理去解答有关实际问题，是掌握定理的重要环节。在定理的教学中，一般可结合例题、习题教学，让学生动脑、动口、动笔，领会定理的适用范围，明确应用时的注意事项。把握应用定理所要解决问题的基本类型。

5. 指导学生整理定理的系统

数字的系统性很强，任何一个定理都处在一定的知识系统之中。要让学生弄清每个定理的地位和作用以及定理之间的内在联系，从而在整体上、全局上把握定理的全貌。因此，在定理教学过程中，应瞻前顾后，搞清每个定理在知识体系中的地位和作用，指导学生在每个阶段总结时，运用图示、表解等方法，把学过的定理进行系统地整理。

公式是一种特殊形式的数学命题。不少公式也是以定理的形式出现的，如微分公式、牛顿－莱布尼兹公式、傅立叶级数展开公式等，因此，如上所述的定理教学的要求，同样也适用于公式教学。由于公式还具有一些自身的特点，所以在公式的教学中，要重视公式的意义，掌握公式的推导；要阐明公式的由来，指导学生善于对公式进行变形和逆用；关注根据公式的外形和特点，指导学生记忆公式。如分部积分公式、向量叉积计算公式的记忆特征等。

此外，还应注意考虑以下若干问题：

1. 定理或公式的条件是什么，结论是什么，它是怎样得来的？

2. 定理或公式的结论是怎样证明的，证明的思路是怎样想到的，能不能用别的方法来证明，它和以前学过的某些定理、公式有何本质上的联系？

3. 定理或公式有什么特点，适用于解决哪些类型的问题？应用时有哪些注意事项？

4. 结合学生的实际情况，有时还可以适当加强或减弱定理的条件，看看能得到什么有益的结论。

二、数学中的矛盾概念与反例

美国数学家 B. R. 盖尔鲍姆与 J. M. H. 奥姆斯特德在《分析中的反例》一书中指出："数学由两个大类——证明和反例组成，而数学发现也是朝着两个主要的目标——提出证明和构造反例。"数学中的反例，是指出某个数学命题不成立的例子，是对某个不正确的判断的有力反驳。对于数学概念、定理或公式的深刻理解起着重要的作用，给学生留下的生动印象是难以磨灭的。正如《分析中的反例》的作者所言："一个数学问题用一个反例解决，给人的刺激犹如一出好的戏剧。"让人从中"得到享受和兴奋"。

反例与特例或反驳、反设与反证、伪证在高等数学中随处可见，作为数学猜想、数学证明、数学解题时的一种补充和思维的工具，作为培养学生的创新思维意识是值得重视的一个方面。历史上最著名的反例之一是由德国数学家魏尔斯特拉斯于 1860 年构造的处处连续而又处处不可微的函数。

数学是一种智巧，要列举出不同层次数学对象的反例需要一定的数学素养。寻求（或构造）反例的过程既需要数学知识与经验的积累，也需要发挥诸如观察与比较、联想与猜想、逻辑与直觉、逆推、反设、反证以及归纳、演绎、计算、构造等一系列辩证的互补的数学思想方法与技巧。作为反例与矛盾概念的教学，一般要掌握这样三点：第一，它是相对于数学概念与某个命题而言的；第二，它一个具体的实例，能够说明某一个问题；第三，它是一种思想方法，是指出纠正错误数学命题的一种有效方法。一个假命题从不同的侧面可以构造出很多反例，一个反例往往指明一个事例。当命题中有多个条件时，可能会产生多个反例。因为反例是相对于命题、判断而言的，所以我们对反例进行分类时，也应该从数学命题的不同结构以及条件、结论之间的关系中进行归纳与划分。

常将数学中的反例划分出以下三种类型：

1. 基本型的反例

数学命题有四种基本形式：全称肯定判断；全称否定判断；特称肯定判断；特称否定判断。其中，一与四、二与三是两对矛盾关系的判断，符合这种矛盾关系的两个判断可以互相作为反例。如"所有连续函数都是可导函数"，这是一个全称肯定判断；其特称否定判断，就是前者的反例。

2. 关于充分条件假言判断与必要条件假言判断的反例

充分条件的假言判断，是断定某事物情况是另一事物情况的充分条件的假言判断。可以表述为"有前者，必有后者"。但是"没有前者，不一定没有后者"，可以举反例"没有前者，却有后者"说明之。这种反例成为关于充分条件假言判断的反例。

3. 条件改变型反例

当数学命题的条件改变（增减或伸缩）时，结论不一定正确。为了说明这个事实所要举出的反例，称为条件改变型反例。这种方法在阐述一些数学基本理论时会经常使用。

从数学方法和教学角度看，反例在数学中的作用是不可忽视的，其作用可以概括为以下三个方面：

1. 发现原有理论的局限性，推动数学向前发展

数学在向前发展的过程中，要同时做两方面的工作，一是发现原有理论的局限性；二是建立新的理论，并为新理论提供逻辑基础。而发现原有理论的局限性，很大程度上靠举反例来进行。特别在数学发展的转折时期，典型的反例推动着新理论的诞生，如收敛的连续函数级数的和函数，当时连大数学家柯西都认为是连续的，后来却举出了反例，从而引出一致收敛的概念。狄利克雷函数在黎曼意义下不可积，却启发了不同于黎曼积分的新型积分——勒贝格积分的诞生。著名的希尔伯特 23 个数学问题，目前在已获部分解决或完全解决的一多半问题中，反例起到了重要的作用。数学史证明，对数学问题与数学猜想，能举出反例予以否定，与给出严格证明是同等重要的。

2. 澄清数学概念与定理，为数学的严谨性与科学性做出贡献

数学中的概念与定理有许多结构、条件结论十分复杂，使人们不容易理解。反例则可以使概念更加确切与清晰，把定理条件与结论之间的关系揭示得一清二楚。一个数学问题用一个反例进行解决，给人的刺激犹如一出好的戏剧，使人终生难忘。

3. 数学中注意适当引用反例，能帮助学生加深对数学知识的理解与掌握，提高数学修养

数学是一门严密的抽象的思维科学，它有自己独特的思维方法，不能凭直观或想当然去理解它，否则往往会"差之毫厘，失之千里"。因此，在数学教学中，让学生掌握严密的逻辑推理和各种思维方法的同时，学会举反例亦十分重要。特别在概念与定理的教学中，构造出巧妙的反例，能使概念与定理变得简洁明快，容易掌握。在习题训练的教学中，举反例是反驳与纠正错误的有效办法，是学生进行创造性学习的有力武器。

三、数学思维与数学思想方法

学习数学，不仅要掌握数学的基本概念、基本知识和重要理论，而且要注重培养数学思想，增强数学素质，提高数学能力。数学教学的效果和质量，不仅仅表现为学生深刻而熟练地掌握总的数学学科的基础知识和形成一定的基本技能，而且表现为通过教学发展学生的数学思维和提高能力。

数学的教学过程中，经常采用的思维过程有：分析—综合过程，归纳—演绎过程，特殊—概括过程，具体—抽象过程，猜测—搜索过程，并且还会充分运用概念、判断、推理等的思维形式。从思维的内容来看，数学思维有三种基本类型：一是确定型思维，二是随机型思维，三是模糊型思维：所谓确定型思维，就是反映事物变化服从确定的因果联系的一种思维方式，这种思维的特点是事物变化的运动状态必然是前面运动变化状态的逻辑结果。所谓随机型思维，就是反映随机现象统计规律的一种思维方式。具体一点来说，就是事物的发展变化往往有几种不同的可能性，究竟出现哪一种结果完全是偶然的、随机的，但是某一种指定结果出现的可能性则是服从一定规律的。就是说，当随机现象由大量成员组成，或者成员虽然不多，但出现次数很多的时候就可以显示某种统计平均规律。这种统计规律在人们头脑中的反映就是随机型思维。确定型思维和随机型思维，虽然有着不同的特点，但它们都是以普通集合论为其理论基础的，都可以明确地精确地进行刻画，但是在客观现实中还有一类现象，其内涵、外延往往是不明确的，常常呈现"亦此亦彼"性。为了描述此类现象，人们只好使用模糊集论的数学语言去描述，用模糊数学概念去刻画。从而创造了对复杂模糊系统进行定量描述和处理的数学方法。这种从定量角度去反映模糊系统规律的思维方式就是模糊型数学思维。上述三种思维类型是人们对必然现象、偶然现象和模糊现象进行逻辑描述或统计描述或模糊评判的不可缺少的思维方法。

数学思维的方式，可以按不同的标准进行分类。按思维的指向是沿着单一方向还是多方向进行，可以划分为集中思维（又叫收敛思维）与发散思维；根据思维是否以每前进一步都有充足理由为其保证而进行，可以划分为逻辑思维与直觉思维；根据思维是依靠对象的表征形象或是抽取同类事物的共同本质特性而进行，可以划分为形象思维与抽象思维。现在有人又根据思维的结果有无创新，将其划分为创造性思维与再现性思维。

（一）集中思维和发散思维

集中思维是指从同一来源材料探求一个正确答案的思维过程，思维方向集中于同一方向。在数学学习中，集中思维表现为严格按照定义、定理、公式、法则等，使思维朝着一个方向聚敛前进，使思维规范化。

发散思维是指从同一来源材料探求不同答案的思维过程，思维方向发散于不同的方面。在数学学习中，发散思维表现为基础定义、定理、公式和已知条件，思维朝着各种可能的方向扩散前进，不局限于既定的模式，从不同的角度寻找解决问题的各种可能的途径。

集中思维与发散思维既有区别，又是紧密相连不可分割的。例如，在解决数学问题的过程中，解答者希望迅速确定解题方案，找出最佳答案，一般表现为集中思维；他首先要弄清题目的条件和结论，而在这个过程中就会有大量的联想产生出来，这表现为发散思维；接下来他若想到有几种可能的解决问题的途径，这仍表现为发散思维；然后他对一个或几个可能的途径加以检验，直到找出正确答案为止，这又表现为集中思维。由此可见，在解决问题的过程中，集中思维与发散思维往往是交替出现的。当然，依据问题的性质和难易程度，有时集中思维占主导地位，有时发散思维占主导地位。通常，在探求解题方案时，发散思维相对突出，而在解题方案确定以后，在具体实施解题方案时，集中思维相对突出。

（二）逻辑思维与直觉思维

逻辑思维是指按照逻辑的规律、方法和形式，有步骤、有根据地从已知的知识和条件推导出新结论的思维形式。在数学学习中，这是经常运用的，所以学习数学十分有利于发展学生的逻辑思维能力。直觉思维是未经过一步步分析推证，没有清晰的思考步骤，而对问题突然间的领悟、理解得出答案的思维形式。通常把预感、猜想、假设、灵感等都看作直觉思维。亚里士多德曾说过："灵感就是在微不足道的时间里通过猜测而抓住事物本质的联系。"布鲁纳说："在数学中直觉概念是从两种不同的意义上来使用的：一方面，说某人是直觉的思维者，意即他花了许多时间做一道题目，突然间做出来了，但是还须为答案提供形式证明。另一方面，说某人是具有良好直觉能力的数学家，意即当别人向他提问时，他能够迅速做出很好的猜想，判定某事物是不是这样，或说出在几种解题方法中哪一种有效。"直觉思维往往表现在长久沉思后的"顿悟"，它具有下意识性和偶然性。没有明确的根据与思索的步骤，而是直接把握事物的整体，洞察问题的实质，跳跃式地突如其来地迅速指出结论，而很难陈述思维的出现过程。

布鲁纳在分析直觉思维不同于分析思维（即逻辑思维）的特点时，指出："分析思维的特点是其每个具体步骤均表达得很清晰，思考者可以把这些步骤向他人叙述。进行这种思维时，思考者往往相对地完全意识到其思维的内容和思维的过程。与分析思维相反，直觉思维的特点却是缺少清晰的确定步骤，它倾向于首先就一下子以对整个问题的理解为基础进行思维，人们获得答案（这个答案可能对或错）而意识不到他赖以求得答案的过程（假如一般来讲这个过程存在的话）。通常，直觉思维基于对该领域的基础知识及其结构的了解，正是这一点才使得一个人能以飞跃、迅速越级和放过个别细节的方式进行直觉思维；这些特点需要运用分析的手段——归纳和演绎——对所得的结论加以检验。"直觉思维在解决问题中有重要的作用，许多数学问题，都是先从数与形的直觉感知中得到某种猜想，然后再进行逻辑证明的。因此，培养学生的直觉思维与逻辑思维不能偏废，应该很好地结合起来。

（三）抽象思维与形象思维

形象思维是指通过客体的直观形象反映数学对象"纯粹的量"的本质和规律性的关系的思维。因此形象思维是与客体的直观形象密切联系和相互作用的一种思维方式。

数学形象性材料，具有直观性、形象概括性、可变换性和形象独创性（主要表现为几何直觉），而与数学抽象性材料（如概念、理论）不同。所以抽象思维所提供的是关于数学的概念和判断，而形象思维所提供的却是各种数学想象、联想与观念形象。

在数学教育中，一直是抽象逻辑思维占统治地位，难道形象思维在教学中就不能为自己争得一席之地吗？其实不然。那么，形象思维的科学价值和教育意义又何在呢？

1. 图形语言和几何直观为发展数学科学提供了丰富的源泉

数学科学发展的历史告诉人们，许多数学科学概念脱离不开图形语言（其中尤其是几何图形语言），许多数学科学观念的形成也都是由借助图形形象而触发人的直觉才促成的。如证明拉格朗日微分中值定理时所构造的辅助函数，无疑受几何图形的启示。

在现代数学中经常出现几何图形语言的原因，不仅仅是由于有众多的数学分支是以几何形象为模型抽象出来的，而且由于图像语言是与概念的形成紧密相连的。代数和分析数学中经常出现几何图形语言，显示了在某种意义上几何形象的直觉渗透到一切数学中。为什么像希尔伯特空间的内积和测度论的测度，这样一些十分抽象的概念，在它们的形成和对它们的理解过程中，图形形象仍然保持其应有的活力呢？显然，这是因为图形语言所能启示的东西是很重要的、直观的和形象有趣的。

2. 图形是数学和其他自然科学的一种特殊的语言，它弥补了口述、文字、式子语言的不足，能处理一些其他语言形式无法表达的现象和思维过程

正像符号语言由于文字符号参加运算使数学思维过程变得简单一样，数学图形语言具有直观、形象、易于触发几何直觉等特点和优点。如计算积分时，先画出积分区域，对选择积分顺序是十分有利的。学生学会用图形语言来进行思考，同会用符号语言来进行思考一样，对人类的发展进步都是极为重要的。

3. 如果说符号语言具有抽象的特点，那么数学中的图形语言则具有直观形象的特点，发展这两种语言都是重要的发展符号语言有利于抽象思维的发展，发展图形语言却有利于形象思维的发展。

4. 正如前述，人们在思考问题的过程中，视觉形象、经验形象和观念形象是经常起作用的

例如，学生在学习数学过程中，尤其在解题时这种形象往往浮现在眼前，活跃在脑海中，用以搜寻有用的信息，激活解题思路。对于典型解法、解题经验等形象有时虽然时隔已久，但在用得着时，这种形象便会复活起来，跃然纸上。不仅如此，学生在学习数学时，还常常表现出一种趣向：对抽象的数学概念总喜欢从几何上给出形象说明，即几何意义，有时即便是纯代数问题，也会唤起他们的几何形象。

综上所述，形象思维不仅对数学科学有很高的科学价值，而且对培养教育人才具有十分重要的意义。

数学思想是指对数学活动的基本观点，泛指某些具有重大意义、内容比较丰富、思想比较深刻的数学成果或者是指数学科学及其认识过程中处理数学问题时的基本观念、观点、意识与指向。数学方法是在数学思想指导下，为数学活动提供思路和手段及具体操作原则的方法。二者具有相对性，即许多数学思想同时也是数学方法。虽然有些数学方法不能称为数学思想，但大范围内的数学方法也可以是小范围内的数学思想。大家知道，数学知识是数学活动的结果，它借助文字、图形、语言、符号等工具，具有一定的表现形式。数学思想方法则是数学知识发生过程的提炼、抽象、概括和升华，是对数学规律更一般的认识，它暗藏在数学知识之中，需要学习者去挖掘。

在高等数学中，基本的数学思想有：变换思想、字母代数思想、集合与映射思想、方程思想、因果思想、递推思想、极限思想、参数思想等。基本的数学方法，除了一般的科学方法——观察与实验、类比与联想、分析与综合、归纳与演绎、一般与特殊等之外，还有具有数学学科特点的具体方法——配方法、换元法、数形结合法、待定系数法、解析法、向量法、参数法等。这些思想方法相互联系、沟通、渗透、补充，将整个数学内容构成一个有机的、和谐统一的整体。

数学思想方法的学习，贯穿于数学学习的始终。某一种思想方法的领会和掌握，需经较长时间、不同内容的学习过程，往往不能靠几次课就能奏效。它既要通过教师长期的、有意识的、有目的启发引导，又要靠学生自己不断体会、挖掘、领悟、深化。数学思想方法的学习和掌握一般经过三个阶段：

1. 数学思想方法学习的潜意识阶段

数学教学内容始终反映着两条线，即数学基础知识和数学思想方法。数学教材的每一章节乃至每一道题，都体现着这两条线的有机结合，这是因为没有脱离数学知识的数学思想方法，也没有不包含数学思想方法的数学知识。在数学课上，学生往往只注意了数学知识的学习，注意了知识的增长，而未曾注意联想到这些知识的观点以及由此出发产生的解决问题的方法与策略。即使有所觉察，也是处于"朦朦胧胧""似有所悟"的境界。例如，学生在学习定积分概念时，虽已接触"元素法"的思想：以直线代替曲线、以常量代替变量，但尚属于无意识的接受，知其然不知其所以然。

2. 数学思想方法学习的明朗化阶段

在学生接触过较多的数学问题之后，数学思想方法的学习逐渐过渡到明朗期，即学生对数学思想方法的认识已经明朗，开始理解解题过程中所使用的探索方法与策略，并能概括、总结出来。当然，这也是在教师的有意识的启发下逐渐形成的。

3. 数学思想方法学习的深刻化阶段

数学思想方法学习的进一步的要求是对它深入理解与初步应用。这就要求学习者能够依据题意，恰当运用某种思想方法进行探索，以求得问题解决。实际上，数学思想方法学习的深化阶段是进一步学习数学思想方法的阶段，也是实际应用思想方法的阶段。通过这一阶段的学习，学习者基本上掌握了数学思想方法，实现了继续深入学习的目的。在"深化期"，学习者将接触探索性问题的综合题，通过解这类数学题，掌握寻求解题思路的一些探索方法。

四、数学能力的培养与发展

能力往往是指一个人迅速、成功地完成某种活动的个性特征。而数学能力是指一个人迅速、成功地完成数学活动（数学学习、数学研究、数学问题解决）的一种个性特征。数学能力从活动水平上可以分为"再造性"数学能力和"创造性"数学能力。所谓再造性数学能力是指迅速而顺利地掌握知识、形成技能和灵活运用知识、技能的能力。这通常表现为学生学习数学的能力。所谓创造性数学能力是指在数学研究活动中，发现数学新事实、创造新成果的能力。显然，这两种能力既有联系又有区别。一般来说，再造性数学能力并不等于创造性数学能力，但创造性数学能力的提高需要以再造性数学能力为基础。因此，对高等数学教学来说，再造性数学能力当然是重要的，因为它是创造性数学能力的基础，但创造性数学能力的培养也不可小视。

数学能力从结构上可以分为：数学观察能力、数学记忆能力、逻辑思维能力、空间想象能力。有人也将运算能力和解题能力归入其中，本书仅对前四种能力给予讨论。

（一）数学观察能力

观察是一种有目的、有计划、持久的知觉活动。数学观察能力，主要表现在能迅速抓住事物的"数"和"形"，找出或发现具有数学意义的关系与特征；从所给数学材料的形式和结构中正确、迅速地辨认出或分离出某些对解决问题有效的成分与"有数学意义的结构"。数学观察能力是学生学习数学活动中的一种重要智力表现，如果学生不能主动地从各种数学材料中最大限度地获得对掌握数学有用的信息，要想学好数学那将是困难的。为了有效地发展学生的数学观察能力，数学教学除了注意培养学生观察的目的性、持久性、精确性和概括性外，还必须重视引导学生从具体事实中解脱出来，把注意力集中到感知数量之间的纯粹关系上。

（二）数学记忆能力

所谓记忆，就是过去发生过的事情在人的头脑中的反映，是过去感知过和经历过的事物在人的头脑中留下的痕迹。数学记忆虽与一般记忆一样，经历识记、保持、再认与回忆三个基本阶段，但仍具有自身的特性。首先，从记忆的对象来看，它所识记的是通过抽象概括后用数学语言符号表示的概念、原理、方法等的数学规律和推证模式与解题方法，完全脱离了具体实际，具有高度的抽象性与概括性。其次，要把识记的数学知识、思想方法保持巩固下来，能随时提取与应用，就必须理解用数学语言符号所表示的数学内容与意义，否则就难以保持、巩固，更不可能用它来解决问题。最后，数学记忆具有选择性与组织性，即把所学数学知识进行思维加工，精练、概括有关的信息，略去多余的信息，提炼出知识的核心成分，分层次组成一个知识系统，以便于保持与应用。数学记忆能力就是指记忆抽象概括的数学规律、形式结构、知识系统、推证模式和解题方法的能力。

因此，数学记忆的本质在于，对典型的推理和运算模式的概括的记忆。正像俄罗斯数学家波尔托夫所指出的："一个数学家没有必要在他的记忆中保持一个定理的全部证明，他只需记住起点和终点以及关于证明的思路。"

（三）逻辑思维能力

逻辑思维是在感性认识的基础上，运用概念、判断、推理等形式对客观世界的间接的、概括的反映过程。它包括形式思维和辩证思维两种形态。形式思维是从抽象同一性，相对静止和质的稳定性等方面去反映事物的；辩证思维则是从运动、变化和发展上来认识事物的。在数学发现中，既需要形式思维，也需要辩证思维，二者是相辅相成的。因为数学是一门逻辑性很强、逻辑因素十分丰富的科学，因此，一般来说，数学对发展学生的逻辑思维能力起着特殊的重要作用，这是因为在学习数学时一定要进行各种逻辑训练。

数学教学，所谓教，从根本上来说，就是帮助学生学会思维。而教会学生思维，重要的是教会推理，因为，推理能力是思维能力的核心。教会学生懂得什么叫"推理论证"不是一件轻而易举的事情，这种能力的形成不仅要贯穿在整个教学过程中，而且尤其集中体现在解题教学中。因为，实践证明解题是发展学生思维和提高他们的数学能力的最有效的途径之一。逻辑思维能力主要包括分析与综合能力，概括与抽象能力，判断能力与各种推理能力。下面我们就来分别论述这几种能力：

1. 分析与综合能力

在数学中，所谓分析，就是指由结果追溯到产生这一结果的原因的一种思维方法。用分析法分析数学问题时，经常是将需要证明的命题的结论本身作为论证的出发点，通过逻辑证明的步骤，把这个命题归结为已知的真命题。所谓综合，就是指从原因推导到由原因产生的结果的一种思维方法。用综合法证明数学问题时，一般是先找出适当的真命题（通过分析法来找），按照逻辑论证的步骤，逐步将这个真命题变形到我们需要证明的结论上去。

人们在思考实际问题的过程中，分析与综合往往是结合起来使用的，分析中有综合，综合中也有分析。不过在证明数学问题时，一般先用分析法来分析论题，找出使结论成立的必要条件，然后用综合法进行表述，同时证明条件是充分的，从而完成了证明。这样便为人们证明问题提供了一个完整的思考问题的过程。如果这种分析—综合机能，以一定的结构形式在一个人身上固定下来，形成一种持久的、稳定的个性特征，这便是分析—综合能力。利用极限定义验证极限时所采用的方法就充分体现了这种能力。在数学学习中这是一种基本而又十分重要的能力。分析与综合有着很高的科学价值和认识价值，因为分析是通向发现之路，而综合是通向论证之路。

2. 概括与抽象能力

所谓概括，就是指摆脱开具体内容，并且在各种对象、关系运算的结构中，抽取出相似的、一般的和本质的东西的思维过程。人们在对数学对象进行总结时，一方面必须注意发现数学对象之间相似的情境，另一方面必须掌握解法的概括化类型和证明或论证的概括化模式。如果这种概括技能以某种结构形式在一个人身上固定下来，形成一种持久的、稳定的个性特征，这就是概括能力。概括能力一般表现为：①从特殊的和具体的事物中，发现某些一般的，他已经知道的东西的能力，也就是把个别特例纳入一个已知的一般概念的能力；②从孤立的和特殊的事物中看出某些一般的，尚未为他人所知道的东西的能力，也就是从一些特例推演出一般，并形成一般概念的能力。

所谓抽象，就是在头脑中舍弃所研究对象的某些非本质的特征，揭示其本质特征的思维过程。抽象是以一般的形式反映现实，进而是对客观现实的间接的、媒介的再现。对感觉的经验与实践所得到的映像，进行抽象的思考，经过这样的过程得到的认识，却比直接的感性经验更深刻、更正确地反映现实。

抽象反映在思维过程中表现为善于概括归纳，逻辑抽象性强，善于抓住事物的本质，开展系统的理性活动。如果这种抽象的机能以一定的结构形式在个体身上固定下来，形成一种持久的、稳定的个性特征，这就是抽象能力。

从一定意义上来讲，概括和抽象是数学的本质特征，数学思维主要是概括和抽象思维。因为数学是最抽象的科学，数学全部内容都具有抽象的特征，不仅数学概念是抽象的、思辨的，就连数学方法也是抽象的、思辨的。从具体材料中，即从数、已知图形、已知关系中进行抽象的能力是一项重要的数学能力。我们必须运用抽象思维来学习数学，同时在学习数学的过程中来培养和提高抽象思维的能力。

3. 判断与推理能力

所谓判断，就是反映对象本身及其某些属性和联系存在或不存在的思维形式。数学中的判断，通常称为命题，数学命题是反映概念之间的逻辑关系的。掌握命题的结构、命题的基本形式及其关系以及数学命题中充分条件和必要条件等都是数学判断的基本内容。在思维中，概念不是毫无关联地堆积在一起的，而是以一定的方式彼此联系着的。判断是概念相互联系的形式。每一个判断中都确定了几个概念之间的某种联系或关系，而且判断本身就肯定这些概念所包含的对象之间存在联系和关系。如果这种判断机能以某种结构形式在个体身上固定下来，形成一种持久的、稳定的个性特征，这就是判断能力。

所谓推理，就是由一个或几个判断推出另一个新的判断的思维过程。思维之所以得以实现概括地、间接地认识过程，主要是由于有推理过程存在。在数学中，提出问题，明确问题，提出假设，检验假设，这一系列思维过程的完成，主要的途径也是结合了逻辑推理。

数学中的正确推理要求前提真实，并且遵循逻辑规则来正确运用推理形式，以得出真实的结论。根据已经建立的概念及已经承认的真命题，遵循逻辑规律运用正确逻辑推理方法来证明命题的真实性，是探索数学新事实和学习数学的重要的思维过程。如果这种推理的机能以一定的结构形式在个体身上固定下来，形成一种持久的、稳定的个性特征，这就是推理能力。在数学中，不论是定理的证明、公式的推导、习题的解答，还是在实际工作中与数学有关的问题的提炼与解决，都需要逻辑推理能力。

（四）空间想象能力

空间想象能力，是指人们对于客观存在着的空间形式，即物体的形态、结构、大小、位置关系，进行观察、分析、抽象、概括，在头脑中形成反映客观事物的形象和图形，正确判断空间元素之间的位置关系和度量关系的能力。在数学中，空间想象能力体现为在头脑中从复杂的图形中区分基本图形，分析基本图形的基本元素之间的度量关系和位置关系（垂直、平行、从属及其基本变化关系等）的能力；借助图形来反映并思考客观事物的空间形状和位置关系的能力；借助图形来反映并思考用语言或式子来表达空间形状和位置关系的能力。空间形状和位置关系的直观想象能力在数学中是基本的、重要的，对学生来说，这种能力的形成也是十分困难的。

在数学教学中，培养学生的空间想象能力，主要有以下几方面的要求：

（1）能想象出几何概念的实物原型。

（2）熟悉基本的几何图形，能正确地画图，在头脑中分析基本图形的基本元素之间的位置关系和度量关系并能从复杂的图形中分解出基本图形。

（3）对于客观存在着的空间模型，能在头脑中正确地体现出来，形成空间观念。

（4）能借助图形来反映并思考客观事物的空间形状及位置关系。

（5）能借助图形来反映并思考用语言或式子所表达的空间形状及位置关系。

发展和提高学生的数学能力，是数学教育目标的一个重要组成部分，这是因为在科学技术迅猛发展、知识更新加剧的现代社会，学生在校学习掌握的知识技能不可能一劳永逸地满足其一生工作的需要，所以学校的教育要授人以"渔"，要"教会学生如何学习，培养学生自主学习的能力"。

第三章　高等数学教学方法研究

第一节　高等数学中案例教学的创新方法

　　新时期教育对教育质量和教学方法提出了越来越高的要求，高校的教育理念不断更新，教学方法不断发展。高等数学作为高校重要的必修基础课，可以培育学生的抽象思维和逻辑思维能力。目前学生学习高等数学的积极性较低，对此，教师可以应用案例教学法，该方法灵活、高效、丰富，能充分提升学生的主观能动性和积极性，增强其分析问题和解决实际问题的能力，培养学生的创新思维，实现新时期创新人才培养目标。文章就高等数学中案例教学的创新方法展开了论述。

一、高等数学案例教学的意义

　　案例教学是一种以案例为基础的教学方法：教师在教学中发挥设计者和激励者的作用，鼓励学生积极参与讨论。高等数学案例教学是指在实际教学过程中，将生活中的数学实例引入教学，运用具体的数学问题进行数学建模。高校高等数学教育过程的最终目标是提高学生的实践意识、实践技能和开创性的应用能力。在数学教学中引入案例教学打破了以理论教学为主的传统数学教学方法，取而代之的是数学的实用性是其核心，尊重学生自主讨论的数学教学理念。

　　案例教学法在高等数学教育中的运用，弥补了我国教师传统教学方法的空缺，将数学公式和数学理论融入实际案例，使之更具现实性和具体性。让学生在这些实际案例的指导下，理解解决实际问题的数学概念和数学原理。案例研究法还可以提高大学生的创新能力和综合分析能力，使大学生很好地将学习知识融入现实生活。此外，案例研究法还可以提高教师的创新精神。教师通过个案研究获得的知识是内在的知识，能在很大程度上把"不安全感"的知识融入教育教学。它有利于教师理解教学中出现的困境，掌握对教学的分析和反思。教学情境与实际生活情境的差距大大缩小，案例的运用也能促使教师更好地理解数学理论知识。

二、高等数学案例教学的实施

案例教学法在高等数学教学中的应用，不仅需要师生之间的良好合作，而且需要有计划地进行案例教学的全过程，以及在不同实施阶段的相应教学工作。在交流知识内容之前，应该先介绍一下，并且可以深化案例，让学生更好地了解相关知识。案例深化了主要内容，使学生更好地理解讲座内容。在此基础上，引导学生将定义和句子扩展到更深层次。提前将案例材料发给学生，让学生阅读案例材料，核对材料和阅读材料，收集必要的信息，积极思考案例中问题的原因和解决办法。

案例教学的准备。包括教师和学生的准备。教师根据学生的数学经验和理论知识，编写数学建模案例。在应用案例研究法时，首先概述案例研究的结构和对学生的要求，并指导学生组成一个小组。其次，学生应具备教师所具备的数学理论知识。教学案例的选择要密切联系教学目标，尊重学生对知识的接受程度，最终为数学教学找到一个切实可行的案例。教学案例的选择和设计应考虑到这一阶段学生的数学技能、适用性、知识结构和教学目标。通常理论知识是抽象的，这些知识、概念或思想是从特定的情况中分离，并以符号或其他方式表达出来。在应用案例教学法时，应注意教学内容和教学方法，强调数学理论内容的框架性，计算部分可由计算机代替。例如，在极限课程的教学中，应强调来源和应用的限制，而不强调极限的计算。

三、高等数学案例教学的特点

（一）鼓励独立思考，具有深刻的启发性

在教学中，教师指导学生独立思考，组织讨论和研究，做总结和总结。这项

个案研究能刺激学生的大脑，让注意力随时间调整，有利于保持最佳的精神状态。传统的教学方式阻碍了学生的积极性和主动性，而案例教学则是让学生思考和塑造自己，使教学充满生机和活力。在进行案例研究时，每个学生都必须表达自己的观点。分享这些经历。一是取长补短，提高沟通能力；二是起到激励作用，让学生主动学习，努力学习。案例教学的目的是培育学生独立思考和探索的能力，注重培养学生的独立思考能力，启发学生发展一系列分析和解决问题的思维方式。

（二）注重客观真实，提高学生实践能力

案例教学的主要特点是直观性和真实性，由于课程内容是一个具体的例子，所以它呈现一种形象，一种直观生动的形式，向学生传达一种沉浸感，便于学习和理解。本案所述事件均属实。案件的真实性决定了判例法的真实性。学生根据所学的知识得出自己的结论。学生将在一个或多个具有代表性的典型事件的基础上，形成完整严谨的思维、分析、讨论、总结方式，提高学生分析问题、解决问题的能力。众所周知，知识不等于技能，知识应该转化为技能。目前，大多数大学生只学习书本知识，忽略了实践技能的培养，这不仅阻碍了自身的发展，也使得将来很难进入职场。案例研究就是为这个目的而诞生和发展的。在校期间，学生可以解决和学习许多实际的社会问题，从理论转向实践，提高学生的实践技能。

高等数学案例教学运用数学知识和数学模型解决实际问题，案例教学法在高等数学教学中的应用，充分发挥了学生的主观能动性，能有效地将现实生活与高等数学知识结合起来，从而使学生在学习过程中获得更好的学习效果，提高高等数学教学质量。案例教学可以创设学习情境，激发学生学习数学的兴趣，提高学生的实践能力和综合能力，促进学生的创新思维，实现新时期培养创新人才的目标。

第二节　素质教育与高等数学教学方法

2010 年 7 月 13 日《温家宝总理在全国教育工作会议上的讲话》指出："在人才培养过程中着力推进素质教育，培养全面发展的优秀人才和杰出人才，关键要深化课程与教学改革，创新教学观念、教学内容、教学方法，着力提高学生的

学习能力、实践能力、创新能力。"这一讲话的实质就是强调将单一的应试教育教学目标转变为素质教育开放多元的教学目标，以提高学生的创新实践能力。高等数学作为普通高等农业院校的一门基础必修课程，其在课程体系中占有非常特殊而重要的地位，它所提供的数学思想、数学方法、理论知识不仅是学生学习后继课程的重要工具，也是培养学生创造能力的重要途径。这就要求高等数学教学也要更新教育观念，改革教育方法，突破传统高等数学教学模式的束缚，适应现代素质教育的要求，进而培养出具有高数学素质的卓越农业人才。

一、改革传统的讲授法，探索适应素质教育需要的新内容和新形式

由于各方面原因的存在，目前高等数学课堂教学仍采用"灌输式"的传统讲授教学方法，课堂上以教师的讲解为主，主要讲概念、定理、性质、例题、习题等内容，而以学生的学习为辅，跟随教师抄笔记、套公式、背习题、考笔记。从而，学生在教学活动中的主体地位被忽视，被动地接受教师讲授的内容，完全失去了学习的积极性和主动性，无法培养学生的创新思维和创新能力，与素质教育的目标背道而驰。但由于高等数学的知识大多是一些比较抽象难懂的内容，学生的学习难度较大，学生对高等数学的基础理论的把握以及对基本概念定理的理解离不开教师的讲解，因此讲授式的教学方法，在我们的教学实践中起着相当重要的作用，这就要求我们必须肯定讲授式的教学方法在高等数学教学中的应用并对其进行必要的革新，使其符合素质教育培养目标的需要。

（一）优化教学内容，制定合理的教学大纲，为讲授法提供科学的理论体系

高等数学是我校工科类专业学生学习的一门公共基础课程，根据我校学生的生源情况及各专业学生学习的实际需求，在保持内容全面的同时，优化教学内容，对其进行适当的选择和精简，制定了符合各工科类专业需求的科学合理的教学大纲，并建立了符合素质教育要求的高等数学课程体系，力求使学生能够充分理解和系统掌握高等数学的基本理论及其应用。为此，我们将高等数学分为四类，即：高等数学 A 类、高等数学 B 类、高等数学 C 类和高等数学 D 类，其总学时数分别为 90 学时，80 学时，72 学时和 70 学时，教学内容的侧重点各不相同，如此

制定的教学大纲适应高等教育发展的新形势，适合我校教学实际情况，有利于提高学生的数学素质，培养学生独立的数学思维能力。

（二）运用通俗易懂的数学语言来讲授相对抽象的数学概念、定理和性质

教学过程中，学生学习高等数学的最大障碍就是对高等数学兴趣的弱化。开始学习高等数学时，大部分学生都以积极热情的态度认真学习，但在学习的过程中，当遇到相对抽象的数学概念、定理和性质时，就会失去热情，产生挫折感，甚至有一少部分学生因而丧失学习高等数学的兴趣。因此，为了激发学生学习高等数学的兴趣，我们可以把抽象的理论用通俗易懂的语言将其表述出来，将复杂的问题进行简单的分析，这样学生理解起来就相对容易一些，进而使讲授法获得更好的效果。

（三）利用现代化的教学手段，创新讲授法的形式

长久以来，高等数学的教学过程一直都是"一块黑板＋一支粉笔"的单一的教师讲授方式，这种教学方法使学生产生一种错觉，认为高等数学是一门枯燥乏味、抽象难懂，与现实联系不紧的无关紧要的学科，致使学生不喜欢高等数学，丧失了对数学的学习兴趣。那么如何培养学生的学习兴趣，提高学生的数学文化素养，进而提高教学质量呢，这就需要我们在不改变授课内容的前提下，运用现代化的教学手段，以多媒体教室为载体，实现现代教育技术与高等数学教学内容的有机结合，使学生获得综合感知，摆脱枯燥的课本说教，使课堂教学变得生动形象、易于接受，进而提高学生学习的主动性。

二、运用实例教学缩短高等数学理论教学与实践教学的距离

讲授法作为高等数学教学的主要方式，有其合理性和必要性。但是讲授法也有一定的弊端，容易导致理论和实践的脱节。因此，在强调讲授法的同时，必须辅之以其他教学方法来弥补其不足，以适应素质教育对高等数学人才培养目标的需要，而实例教学法就是比较理想的选择。

（一）实例教学法的基本内涵及特点

所谓实例教学法就是在教学过程中以实例为教学内容，对实例所提出的问题进行分析假设，启发学生对问题进行认真思考，并运用所学知识作出判断，进而得到答案的一种理论联系实际的教学方法。

与传统的讲授法相比，实例教学法具有自己独具一格的特点。实例教学法是一种启发、引导式的教学方法，改变了学生被动地接受教师所讲内容的状况，将知识的传播与能力培养有机地结合起来。实例教学法可以将抽象的数学理论应用到实际问题中，学生可以充分地认识到这些知识在现实生活中的运用，进而深刻理解其含义并牢固地掌握其内容。激发学生的学习兴趣，活跃课堂气氛，培养学生的创造能力和独立自主解决实际问题的能力，是一种帮助学生掌握和理解抽象理论知识的有效方法。

（二）实例教学法在高等数学教学中的应用及分析

实例教学法融入高等数学教学中的一个有效方法是在教学过程中引入与教学内容相关的简单的数学实例，这些数学实例可以来自实际生活的不同领域，通过解决这些具体问题，能够让学生掌握数学理论，而且能够提高学生学习数学的兴趣和信心。

下面我们通过一个简单的实例说明如何把实例教学融入高等数学的教学之中。

实例函数的最大值最小值与房屋出租获最大收入问题。函数的最大值最小值理论的学习是比较简单的，学生也很容易理解和掌握，但它的思想和方法在现实生活中却有着广泛的应用。例如，光线传播的最短路径问题，工厂的最大利润问题，用料最省问题以及房屋出租获得最大收入问题等等。

我们在讲到这一部分内容时，可以给出学生一个具体实例，例如：一房地产公司有 50 套公寓要出租，当月租金定为 1000 元时，公寓会全部租出去，当月租金每增加 50 元时，就会多一套公寓租不出去，而租出去的公寓每月需花费 100 元的维修费，试问房租定为多少可以获得最大收入？此问题贴近我们学生的生活，能够激发学生的学习兴趣，调动学生解决问题的积极性和培养学生独立创新的能力。在教学过程中，我们首先给出学生启发和暗示，然后由学生自己来解决问题。

此时学生对解决问题的积极性很高，大家在一起进行讨论，想办法，查资料，不但出色地解决了问题，找到了答案，而且在这一系列的活动中，学生对所学的知识有了更深入的理解和掌握，得到了事半功倍的教学效果。可见，实例教学法在高等数学的教学中起到了举足轻重的作用。

结合素质教育的要求和高校大学生对学习高等数学的实际需要，通过多种教学方法的综合运用，多方面培养学生数学的理论水平和实践创新能力，使学生的数学素养和运用数学知识解决实际问题的能力得到整体提高，从而为国家培养出更加优秀的复合型农业人才。

第三节　职业教育高等数学教学方法

高等数学在工科的教学中有很重要的地位，然而大部分针对高职学生的高等数学教材主要还是理论性的内容，和社会生活联系并不多。非专业的学生不愿意学习高等数学，这一点比较普遍，要改变这个现状需要高等数学教师对教学内容和教学方法进行变革，从而提高教学质量。

我在一所职业大学从事高等数学的教学，在教学中我发现职业大学的学生数学水平参差不齐，部分学生可以说是零基础，学生主观上对高等数学有畏学情绪，客观上高等数学难度较大需要更严密的思维，因此在职业大学教高等数学是一门比较难教的课程。数学是所有自然科学的基础课程，是一门既抽象又复杂的学科，它培养人的逻辑思维能力，形成理性的思维模式，在工作、生活中的作用不可或缺，所以任何一名学生都不能不重视数学。作为高等数学的教师，必须迎难而上，提高学生的学习兴趣，充分地调动学生学习数学的积极性，同时适当调整学习内容，丰富教学方法。

一、根据专业调整教学内容

职业大学学生学习高等数学绝大多数不会从事专业的数学研究，主要是为学习其他专业课程打基础并培养逻辑思维能力，因此比较复杂的计算技巧和高深的数学知识对于他们未来的工作作用并不明显。而现在职业大学高等数学教材针对性不强，因此教师需要根据学生专业的情况对教材进行必要的取舍。对于机电专业的专科学生高等数学中的微分、积分以及级数会在专业课程中得到应用，像微分方程这类在专业课中并不涉及的知识点可以省略；专业课中数学计算难度要求并不高，较复杂的计算也可以省略；另外在教学过程中必须重视学生逻辑思维能力的训练，可以结合数学题目的求解给学生介绍常用的数学方法、数学的思维方式提高学生的抽象推理能力。

二、提高学生的学习兴趣

兴趣是最好的老师，数学又是美的，但是数学学习往往是枯燥的，学生很难体会到这种美妙。如何提高学生对高等数学的兴趣是授课教师需要思考的问题。我在教学中为了让教学更加生动加入了一些生活中的数学应用。比如，为什么人们能精确预测几十年后的日食，却没法精确预测明天的天气；为什么人们可以通过 https 安全地浏览网页而不会被监听；为什么全球变暖的速度超过一个界限就变得不可逆了；为什么把文本文件压缩成 zip 体积会减小很多，而 mp3 文件压缩成 zip 大小却几乎不变；民生统计指标到底应该采用平均数还是中位数；当人们说两种乐器声音的音高相同而音色不同的时候到底是什么意思……在这些例子中数学是有趣的，体现了基础、重要、深刻、美的数学。

三、培养学生自我学习能力

授人以鱼不如授人以渔，单纯教会学生某一道题目的计算不如使学生掌握解题的方法。因此讲解题目时可以结合方法论：开始解一道题的时候我会告诉学生这就和解决任何一个实际问题一样，首先从要观察事物开始，把数学题目观察清楚；接下来就需要分析事物，搞清楚题目的特点、有什么样的函数性质、证明的条件和结论会有什么样的联系，根据计算情况准备相应的定理和公式；最后就是解决问题，根据掌握的计算和推理技巧完成题目的求解。通过这样的讲解，和必要的练习，学生完成的不再是一道道独立的数学题目，实现的是方法论的应用，也是更清晰的逻辑思维的训练，有助于提高学生的自我学习能力。"教是为了不教"，掌握解题方法，有自学能力，以后工作碰到实际问题也能迎刃而解。

四、重视逻辑思维的训练

不管是工作还是生活中人们都会遇到数学问题，如果没有逻辑思维只是表面理解就有可能陷入"数学陷阱"。在数学的教学中可以加入一些社会争议性的话题，用数学的方法和思想加以分析揭开事件的真相，学生的逻辑思维会在其中逐步提高。

受教育是一种刚需，高等数学教育是不可缺少的，然而教学内容和教学手段不应墨守成规，要根据社会和学生的需求有所改变。大学基础数学教育所应该达成的任务应该是让一个人能够在非专业的前提下最大限度地掌握真正有用的现代数学知识，了解数学家们的工作怎样在各个层面上和社会产生互动，以及社会在这个领域的投资得到了怎样的回报。

第四节　基于创业视角的高等数学教学方法

创业教育在教育体系中具有重要作用，能够有效保障大学生全面发展。而高数作为专业基础课程，对于学生后期专业学习发展具有促进作用，能够一定程度培养学生创新能力和创新精神，为培养创业人才打好基础。

随着教育环境不断变化，教育方式越来越多样化，且逐渐融入不同高校，并相应的取得一定成果。其中，创业教育影响力较高，以培养学生创业基本素养以及开创个性人才为重点，以培育创业意识、创新能力以及创新精神主要目的。高数属于基础课程，重点以培育学生发现、思考和解决问题的能力，因各门学科不断发展和进步，其创业教育不断提高其影响力。因此，基于创业背景下，如何加强高数教育改革，不断提高大学人才培养，逐渐将就业专业过渡为创业教育显得尤其重要，可有效促进高校教学改革，进而提高大学创新人才培养。

一、基于创业视角下高数教学存在的问题

高数作为专业基础课程应用较为广泛，可为后续专业课程扎实基础。但因高

数知识点较为固定，易导致多数学生认为高数概念比较抽象，计算尤其复杂，且实际生活中实用性较低，进而降低学习兴趣。此外，受传统教学影响，多数教师仍以讲授法为主，使其教学效果无法满足预定目标，对学习效率造成影响。

因多数学生高中阶段多以题海战术为主，步入大学校园后，仍对数学学科的概念是抽象、无法理解等，且因数学学科枯燥性，致使多数学生对于数学学科兴趣较低。而高数主要包含无法理解微积分、函数极限等，较为乏味。多数学生认为，高数与实际应用毫无联系，在实际生活中应用较低，长时间保持此观念，易对高数产生厌学情绪，进而影响学习积极性和学习效率。

现阶段，高数教学方法多以讲授法为主，就是指任课教师对教材重点进行系统化讲解，并分析讨论疑难点，而学生则重点以练、听为主。该类教学模式重点以教师为主，全局把控教学内容以及教学进度。但由于高数课程相对复杂，且知识点具有抽象性以及枯燥性，若学生仅以听、练为主，易使多数学生无法理解，长期已久使教学课堂气氛比较沉闷，学生对于高数兴趣逐渐降低，进而影响教学效果。

目前，多数院校高数教学多以课件教学为主，一定程度上导致讲授内容过于形象化。加之，大部分课件在制作时，工作较为烦琐，要具备较高计算机操作能力和构思能力，而多数教师在课件制作时，为了提高工作效率，多是照搬教材教学。同时，由于教学内容相对较多，而课时较少，多数教师为了赶教学进度，急于讲课，且对于课件翻页速度较快，导致多数学生无法充分理解便进入其他知识点，难以了解高数，进而产生消极、懈怠状态，影响教学效率和教学质量。

二、创业视角下高数教学方法探讨

在创业视角下，高数教学主要目的是在于不断培养、提高学生创新实践能力以及创新精神，培养学生的创业意识，创业实践能力，改变传统教学模式，重点以学生为中心，根据学生各方面素质采取创业性教学，积极指引学生通过创新性、创业型模式提高高数学习效率，进而使高数教学具有创新性以及创业性，有效提高高数教学发展。

（一）教学设计

课程设置对学生的意识层面有基础性的影响作用，想要培育出创业型的人才就应该重视课程在学生精神方面的重要作用，着力于培养创业型人才。

（1）一年级设置"创业启蒙"课程。一年级的课程在学生的教学生涯中具有重要的意义，对学生后期的兴趣走向，选择方向具有重要的引导作用，因此要培养创业型的人才就应该从一年级的课程抓起，将目标设置为培养学生具有创业者的创业意识和创业精神。课程的设置可以根据蒂蒙斯创业教育课程的设置理念，既要注意学科知识的基础性、系统性，也不能忽视学生的人文精神的培养。在这一阶段，根据蒂蒙斯创业教育的理念，这一阶段的课程设置应该主要是通过对学生进行创业意识熏陶，进而培养学生具有创业者的品质。课程设置方面可以设置为《创业基础精品课程》《数学行业深度解读课程》《高等数学的创业之路》等课程，培养学生有一种创业的印象，在熏陶下培养创业意识。

（2）二年级设置"创业引导"课程。二年级是一年级课程的延伸，学生经过一年级的熏陶已经有了大概的创业意识、高等数学也能创业的印象、高等数学的创业方法，按照蒂蒙斯的观念，在这一阶段应该将课程设置为"引导"课程，即将如何寻找商业机会、高等数学的创业资源、战略计划等融入课程中，让学生在接受高等数学的课程教学时还能潜移默化地接受相关的创业知识，引导学生树立创新创业精神。

（3）三年级设置"创业实战"课程。三年级的课程是学生最后一年的课程，在学生的学习生涯中具有重要的作用，这时的学生经过一、二年级的熏陶、引导，此时已经有了足够的创业的准备，这时的课程设置应该以为学生提供创业的模拟、创业实战教学为主。在这个阶段，根据蒂蒙斯的观点，应该着重让学生多进行创业的自我体验，依托各专业创业工作室，让学生体会高等数学创业的实际情况，以特色的项目为载体虚拟创业实践中，培育学生的创业能力。

（二）课堂教学

（1）问题情境教学。创业性教学重要渠道在于对学生创新能力、创业能力予以培养，创新精神在创业精神中具有重要的作用，对于发现创业机会、创建创业模式具有重要的作用，因此应该重视对学生创新性精神的培养。据有关学者阐述，及时发现问题、系统阐述问题相比于解答问题重要性更高。解答问题仅局限于数学、实验技能问题，但是提出新问题以及新的可能性，需要以新的角度进行思考，并且要具有创造性想象。高数属于初等数学扩展以及延伸，其核心部分是问题，而数学问题主要就是将生活中问题逐渐转变为数学问题。同时，高数目标是在于对学生进行分析问题以及解决问题能力的培养，在此条件下，能够提出问题，并且培养创新能力。因此，实际课堂教学中，任课教师应该以问题情境法予以教学，抛出问题，积极引导学生思考、解决问题，大胆创新、创造新问题并及时发现、解决问题，使其在解决问题中，能够收获新知识。对学生进行启发式教学，能够进行步步引导、启发，让学生主动思考，获得新知，进而感受数学快乐。通过启发式教学能够有效扩展思维能力，激发学习积极性，对学生创新能力发展具有促进作用。相比于传统灌输式教学而言，可有效体现学生主体地位，充分激发学习积极性，逐渐使学生从被动转变为主动，不仅能提高学习效率，又能培养创新能力。

（2）高数教学和实例有机结合。因多数高校高数教学以任课教师授课为重点，知识索然无味，易导致学生对高数失去兴趣，严重影响学习效率。但将实例案例和课堂教学相结合，能有效激发学生学习兴趣和积极性。比如，在多元函数机制和具体算法课程中，可实行实践课程，以创业、极值为课程题目，让学生根据课堂所学知识，对创业中出现的极值问题进行模拟研究。此外，通过小组的形式，让组员通过社交软件对创业项目细节进行讨论，并用于阐述自身观点和意见，最终选取适宜课题，借助实地调查等形式，根据查阅资料实行项目研究，并撰写相应论文报告，以展示研究成果。通过将高数教学与创业教育相结合的形式，能够不断激发学生特长和才能，使学生可以充分认识高数，进而起到培养学生客观、理性分析问题的能力，以激发学习主动性和热情性。

（三）实践

将课程设置与创业实践结合起来，在学生有了一定的创业意识和创业能力后学校应该开展相应的实践活动来丰富创业实战课程。通过开展"高等数学创业计划竞赛"等活动，围绕高等数学，让学生进行创业模型探索，模拟创业计划，进行市场分析，组织创业公司等。此外，学校应该重视为学生提供创业平台的重要性，为学生搭建创业服务中心，产业园组成创业实践基地等。

创业教育在社会发展中尤其重要，属于社会发展需求，能够有效推动人、社会发展，而大学生作为社会特殊群体，其创业教育能够有效推动学生全面发展，为大学生创业提供基础。高数作为专业基础课程，能够一定程度上为学生后续学习提供基础性支持，对教育体系具有重要意义。因此，高校教育者要提高对于高数教学的重视程度，不断深刻学生认知，同时，将创业教育、高数教学有机结合，便于为社会培养高质量、创新型人才。

第五节　高等数学中微积分教学方法

对很多学生而言，微积分学习显得非常深奥，很多时候百思不得其解。这就需要我们教师要改革教学方法，提升学生的学习兴趣。本节先分析微积分的发展与特点，接着研究高等数学中微积分教学的现状及存在的问题，最后提出改善微积分教学的方法，意在起到抛砖引玉之用。

在高等数学中，微积分是不可或缺的教学内容之一，微积分与我们的现实生活息息相关，其中的很多知识已经被广泛应用到经济学、化学、生物学等领域中，促进科学技术迅猛发展。对很多学生而言，微积分学习显得非常深奥，很多时候百思不得其解。这就需要我们教师要变革教学方法，提升学生的学习兴趣。本节先分析微积分的发展与特点，接着研究高等数学中微积分教学的现状及存在的问题，最后提出改善微积分教学的方法，意在起到抛砖引玉之用。

一、微积分概述

从某个角度而言，微积分的发展见证了人类社会对大自然的认知过程，早在17世纪，就有人开始对微积分展开研究，诸如运动物体的速度、函数的极值、曲线的切线等问题一直困扰着当时的学者，在此情况下，微积分学说应运而生，这是由英国科学家牛顿和德国数学家莱布尼茨提出来的，具有里程碑式的意义。到了 19 世纪初，柯西等法国科学家们经过长期探索，在微积分学说的基础上提出了极限理论，使微积分理论更加充实。可以看出，微积分的诞生是基于人们解决问题的需要，是将感性认识上升为理性认识的过程。

如今，高等数学中已经引入了微积分的内容，主要包括计算加速度、曲线斜率、函数等内容。学生掌握好微积分的内容，对他们形成数学思想和核心素养具有广泛而深远的意义。

二、高等数学中微积分教学的现状

微积分教学对学生的抽象逻辑思维提出了很高的要求。教师要根据学生的学习心理组织教学，方能收到事半功倍的教学效果，但从目前来看，微积分教学现状并不尽如人意，直接影响了教学质量的有效提升。存在的问题具体体现在以下几点：

（一）教学内容缺少针对性

在高校中，微积分教学是很多专业教学的重要基础，学好微积分，能为学生的专业学习奠定基础，这就需要教师在微积分教学中，要结合学生的具体专业安排教学内容，这样可以使学生感受到微积分学习的意义与价值。但是很多教师忽视了这一点，教师在所有专业中安排的微积分教学内容都是千篇一律的，很多时候，学生学到的微积分知识是无用的，影响了教学目标的顺利完成。

（二）教学过程理论化

微积分的知识具有很大的抽象性，对学生的逻辑思维提出了很高的要求。很多学生对微积分学习存在畏惧心理，这就需要教师在教学过程中要灵活运用教学方法，提升学生的学习兴趣。但从目前来看，很多教师组织微积分教学活动时，经常采取"满堂灌""一言堂"的传统教学法，教学过程侧重理论性，教师只是将关于微积分的计算方法灌输给学生，没有充分考虑到学生的学习基础，导致学生积累的问题越来越多，最后索性放弃这门课程的学习。

（三）教学评价不完善

一直以来，教师考查学生掌握微积分的水平，都是通过一张试卷来检验，以分数来考查学生的学习能力。这样的教学评价方式显得过于单一，试卷的考查方式仅仅能从某个角度反映学生的理论学习水平，无法判断出学生的学习情感和学习态度等要素。这种教学评价方式不够合理，迫切需要进行改革。

三、高等数学中微积分教学方法的改革建议和对策

（一）改革教学内容

教学内容是开展课堂教学的重要载体。我们都知道微积分课程的知识体系比较庞大，知识点比较多，很多时候给学生的学习能力提出了严峻的挑战，所以我们教师在课堂教学中要为学生精选教学内容，结合学生的专业性质，按照当今科学技术发展水平选择合适的教学内容。目前，我们已经进入了信息技术时代，计算机软件已经得到了广泛应用，所以在教学过程中可以淡化极限、导数等运算技巧的教授，重视为学生介绍数学原理和数学背景，比如"极限"概念为什么要用"$\varepsilon\text{-}\delta$"语言表述？"微元法"的本质意义在哪里？诸如此类的问题，可以调动学生的好奇心，教师要用通俗易懂的语言为学生解释这类问题的背景，使学生更好地学习数学概念，降低他们的学习难度。针对微积分中的定理证明，要强调分析过程，师生一起挖掘定理的诞生过程，而不是一味强调逻辑推理的严密性，否则会增强学生的思想负担。另外，教师也可以利用几何直观法来说明数学结论的正确性，教师安排学生探索定积分基本性质的证明，让学生借助几何直观图来证明设想，这样可以培养学生的创新思维，使他们感受到自主探索的趣味性和成就感。

另外，在教授微积分基本概念时，教师要注重微积分知识的应用，为学生介绍一些合适的数学建模方法，使学生畅游在数学世界中，感受微积分的实用价值。总之，教师要结合学生的实际情况安排教学内容，这样才能事半功倍地完成教学目标。

（二）灵活运用教学方法

正所谓"教学无法、贵在得法"，改革高等数学中微积分教学的方法有很多，关键是教师要灵活应用，根据教学目标和教学内容选择合适的教学方法，案例式教学法、启发式教学法、问题式教学法都可以拿来应用。鉴于我们已经进入了信息技术时代，多媒体技术已经渗透到教育领域，笔者认为，在微积分教学中应用图像化、数字化教学方式比较可行。所谓图像化教学，就是在教学过程中利用计算机合理设计数学图形，帮助学生更好地理解教学内容。事实上，我国古代数学家刘徽早就提出了"解体用图"的思想，即利用图形的分、合、移、等方法对数学原理进行解释。事实证明，利用图像化教学，可以化抽象为具体，符合学生以具体形象思维为主的特点。我们教师在教学过程中要重视这种教学方法的应用，帮助学生提升空间思维能力。

微积分中有很多内容适合运用这种教学方法，比如函数微分的几何意义、积分概念和性质的论述等，都离不开图形的辅助。迅速绘制所求积分的积分区域是一个基础步骤，我们可以借助计算机完成这样的操作。笔者在教学过程中一直有意识地引入计算机教学，使微积分的教学内容变得动态化和数字化，比如在讲解"泰勒定理"时，笔者利用计算机直接给出一些具体函数的图象以及此函数在某一点的 n 阶展开式的图像，并让学生进行比较。有了计算机的辅助，学生可以清晰明了地看到在 0 点附近，随后展开阶数的增加，展开式的图像更接近函数的图象。

除了计算机教学法，我们还可以引入讨论式教学法。学生的个性各有不同，他们对微积分学习也有各自的理解，教师可以将学生分为几个小组，让他们根据某道微积分题目进行讨论，学生在讨论过程中会发生思维的膨胀，每个人都发表见解，问题在无形中就得到了解决。比如在讲授"对称区域上的二重积分的计算"这部分内容时，笔者为学生安排的问题是"奇偶函数在对称区间上的定积分有什么特性？怎样证明？"我让学生以小组为单位，针对这个问题进行自由讨论，学生纷纷开动脑筋，挖掘知识的本质，找到解决问题的答案。这样的教学过程还能在潜移默化中培养学生的合作精神。

（三）优化教学评价

学生的学习过程是一个自我体验的过程，每个学生都有自己的个性，他们的内心世界丰富多彩，内在感受也不尽相同，所以教师不能用一刀切的方式来评价学生，而是应该将过程性评价与终结性评价有机结合在一起，重在对学生的学习过程进行考查和判断。教师要根据学生的现实情况，为学生建立成长档案，因为微积分学习确实有一定的难度，教师要肯定学生的进步，给予学生及时的表扬，以此激发学生的学习成就感。教师可以将学生的出勤、回答问题的表现都纳入到评价范围中，考查学生掌握基础知识的情况，还可以给学生提供一些数学建模题，考查学生利用理论知识解决实际问题的能力。除了教师评价，还要加入学生自评和学生互评的做法，让学生自评价自己学习微积分的能力、情况与困惑，这样可以让学生更好地定位自我，发现自己在学习中存在的问题，进而查缺补漏，更有针对性地学习微积分。

课堂教学是一门综合性艺术，高等数学中的微积分教学具有一定的难度，知识比较深奥，教师要想使学生学好这部分内容，必须灵活应用教学方法，重视教学评价，使学生能不断总结、不断完善，并学会用微积分知识解决现实中的问题，让学生为未来的后继学习打下扎实的基础。

第六节　高等数学课程教学方法的分析

高等数学对高等院校教学发展有着极为关键的作用，随着社会教育形式的发展进步，其教学方法也将面临着重大的挑战。因此，文章通过分析高等数学的教学特征，指出要实现优质的讲授法教学才能够提高数学的教学效果，促进学生创新思维的培养，满足社会对于应用型人才的需求。

教学方法是教学过程中教师与学生为实现教学目的和教学任务要求，在教学活动中采取的行为方式的总称。随着教学设计理念的进步和教学改革的深入，教学工作者创造和积累了丰富的教学方法。高等学校教学方法的改革一直是行政管理部门和广大师生高度关注和积极推进的工作，本节针对高校高等数学课程的教学方法进行研究分析，以期提高教学效果，通过高等数学的教学助力高校对学生逻辑思维能力的培养。

一、高等数学课程教学特征

高等数学是高校课程体系中的重要学科，它是其他众多学科学习的基础，在高校开设的课程中具有举足轻重的地位。恰当地运用教学方法是提高教学活动效能、确保教学质量和教学实践取得最优效果的重要保障，选择合理的高等数学教学方法首先要分析高等数学课程的教学特征。

（一）教学内容的高深性

高等教育一以贯之的使命就是传授"高深知识"，高等数学更加凸显出教学内容的高深性，教学内容包含了高度理论化的、抽象的、专门的高深概念性知识。有时高校教师在课堂教学中讲授的教学内容是精选、浓缩、渗透和引入了数学课程最前沿、最新的知识，对于大多数学生来讲是抽象陌生的。

（二）教学过程的探究性

高等学校教师有科学研究的任务要求，教学与科研相结合也是高等数学教学课程的要求。数学教学不仅要传授已有的高深知识，还要引导学生探索学科领域的未知世界，通过教学介绍学术界的争论与有待探讨的问题，以激发学生的创造精神，教师不仅要进行课堂上数学书本上的知识传授，而且还要通过学生实习、见习、毕业设计和毕业论文等活动让学生参与查阅资料，了解新的创新性理论。教师不仅要从事科研，还要引导带领学生参与科研项目，以此培养学生的创新精神和能力。

作为一名教师要充分认识高等数学教学的性质和特点，据此理解和运用有效的教学方法，提升高等数学的教学效果。

二、高等数学课程讲授法的利与弊

讲授法是教师通过口头语言方式，系统地向学生叙述事实、解释概念、论证原理和阐明规律的教学方法，是历史最为久远、应用最为广泛的经典教学方法，几乎每一门学科专业的教学都可以采用讲授的方式组织教学。目前，高等数学主要以讲授法为教学方法，对教师而言，它是一种传统的教授方法，对学生而言，它是一种接收性的学习方法。它的优点是教师在较短的时间内向较多的学生系统地传授大量的知识，有利于发挥教师在教学中的主导作用，有利于教师对教学过程的控制。

高等数学是一门理论性的课程，有许多抽象的数学知识概念、思维逻辑性较强。传统讲授法只是让学生一味地听、记笔记、做练习，不利于因材施教，难以兼顾学生的个性差异、难以兼顾师生之间的互动与协作、难以做到给予学生充分表达意见的机会，不能充分调动学生学习的积极性，使得部分学生不能真正理解教师讲解的数学知识概念，对其与实际应用的关联理解不透彻，数学给他们的印象就是抽象的、难以理解的、没有实用性的，导致学生学习兴趣不浓厚，课堂气氛沉闷，学生学习效果和成绩自然不理想。对于高等数学课程而言，教师应该改进讲授教学法，在教学过程中要去激发学生学习数学的动力，从而实现优质的讲授法教学。

三、优质讲授法教学的要求

实现优质的讲授法教学需要很多职业性条件，教师要有坚强的意志、教学法想象力、幽默和强大的自我意识，但这些还不足以形成优质的讲授法教学，它还需要教师具备一些具体的方法和技巧，比如准确洞察和了解学生状况的能力；灵活准确地运用身体和口头语言；尽管多媒体技术已经很发达，但还要学会使用黑板；有良好的时间观念，能合理掌控课堂进度和节奏；掌握一些处理课堂突发事件的技巧。具体而言包括以下几个方面：

（一）讲授要有明确的目的性

教师要明确讲授课程在学生专业学习和知识建构中的定位，任何一门课都是教学计划的一个组成部分，任何一节课都是教学大纲要求的内容，要从数学课程的角度出发来实现专业培养目标。所以，要求讲授要有明确的目的性，教师的课堂讲授应当体现专业培养目标的要求。高等数学是许多专业都要开设的课程，但是不同专业对这门课程就有不同的侧重点，教师就要根据不同专业的培养目标，确定本门课程的教学目的、要求和重点，以便为这个专业的培养目标服务。

（二）科学地组织讲授内容

教师要熟悉和把握教学目的要求，由于数学的内容较抽象，因而教师要了解学生相关的专业知识和经验基础，要认真钻研教材、大量查阅文献资料、精通并合理组织教学内容，对教学内容进行科学加工、组合，使之结构严谨、层次清楚，力求做到教学内容和方法的优化组合。数学概念的引入很重要，好的引入能够激发学生的学习兴趣和求知欲望，讲授过程既要追求系统性和逻辑性，又要主次分明，突出重点和难点。比较高效的办法是，教师在开始新的讲授前，要指导学生对新内容进行预习和准备，使学生对基本教学内容有一定的了解，然后在讲授中主要就教学内容的难点和学生自学中遇到的问题进行解释和说明，并根据学科领域的新发展向学生提供新的教学信息，使之达到预期的教学效果。

（三）教学语言应具有清晰、精练、生动的特点

讲授法主要是以口头语言为传递和交流教学信息的工具，教师语言素养的水平会对教学效果产生直接的影响。因此，要求教师不能用"照本宣科"式的机械性的表述，而应该尽量做到以下几点：第一，清晰、精练的讲解能够为学生留下思考的时间和空间；第二，生动、幽默和富有激情的语言表述可以感染学生，使其产生对知识的热情；第三，语言尽量"深入浅出"，引导学生由表及里地领会和掌握教学内容。

（四）寓启发于讲授之中

如果讲授演变为教师在课堂上的独角戏，是难以收获预期教学效果的。高等数学的目标是培养学生运用数学知识分析问题和解决问题的能力。为此，教师要精心设计富有针对性、启发性的问题，采用探究式教学方法引导学生研究。问题是数学的核心部分，数学概念问题来源于生活，是把现实生活中的问题升华为数学问题，通过不断地设疑、提问，引导和鼓励学生参与教学，促使学生进行积极主动的思维活动，学生可以从不同角度主动地思考问题，一个数学问

题可以提出不同的解题方法，从而培养学生的创新思维能力。教师在着重讲清基本数学概念和推理线索并提供必要的材料后，可以把寻求答案的任务留给学生，启发学生通过独立思考来获得有关问题的答案，从而使学生在解决问题的过程中获得新知识、理解新知识、感受成功的喜悦。设疑提问强化了师生互动，师生互动使得教学气氛活跃，调动了学生学习新知识的积极性，使学生由被动学习变成主动学习，进而提高教学效果，培养了学生的创新能力，这在高等数学的教学中尤为重要。

高等数学是非常重要的基础性学科，优质的高等数学教学方法对提高当今大学生的整体能力和素质起到了极其重要的作用。高数教师需对数学的教学方法做出深入研究，采用更加科学有效的教学方法，加强对学生创新思维、逻辑思维能力的训练，培养出更多创新型、应用型人才，从而有效提高大学生在就业方面的竞争力。

第七节　高等数学与中学数学教学的衔接方法

目前，很多步入高校的莘莘学子在学习高等数学这门课程时普遍觉得不适应，有的学生经历半个学期后依然难以达到入门水平，此类现象在高校中广泛存在。基于此，为保障学生的水平从中学数学稳定过渡到大学数学，需要采取有效方法合理衔接中学数学与高等数学，推动高校教学质量更上一层楼。

一、高等数学与中学数学的不同之处

（一）知识的不同

第一，知识具备一定重复性。立足对现有教材的调查分析，学生对于很多知识已然有了了解认识，涵盖导数概念及计算、四则运算法则等具体知识点，学生却不知晓知识点具体的来龙去脉，难以熟练完成复杂函数极限与求导、求解等过程。导数应用涵盖曲线的极值、切线、最值的求解以及函数单调性及生活最优化问题的判断，平面几何解析，向量线性运算，向量的定义及坐标解释等均属于明确的课标内容，同样也是高考主要内容，学生对这方面知识掌握比较好。

第二，知识有断层。实践证明，高等数学与中学数学对应知识存在重复现象，始终存在难以衔接的问题，如球坐标和柱坐标的变换，这几类变换虽然均在中学数学中出现过，但大多数中学生却难以熟练掌握；多数学生均不知道三角函数正割以及余切、余割函数、积化和差、反三角函数、和差化积、万能公式等具体知识点，对此知之甚少。同时，反双曲函数以及双曲函数均存在断层问题。

（二）方法的不同

纵观中学教学进程，教师教学时一般都是通过大量例题与习题实现某个知识点的提高与巩固，旨在让学生能够牢固掌握知识。高校均采取的大班授课方法，涉及的教学内容非常多，知识点紧凑，一般均是在课堂上讲解具体的知识要点，较少进行课堂习题练习，较少针对对应习题进行分析，使学生需要在课后自行归纳总结与做题，对课堂内容的理解掌握上存在一定难度。

（三）反馈的不同

中学生一般没有较多时间对课本内容进行仔细阅读，课余时间大多用来完成老师布置的相关作业。课后，中学生有较多机会接触教师，将不懂的问题及时向老师反馈并展开询问。但高校教师与学生除了上课外基本没有见面的机会，即使可通过 QQ 以及微信等方式进行沟通，但很多学生并不愿意进行交流，如此一来，教师仅能通过课件或者作业实现相关信息的反馈。

（四）心理的不同

中学均会频繁进行考试，通过考试进行复习，使学生长期处在紧张的学习状态中，以达到高效学习的目的。很多学生将大学看作调整休息的时期，从思想上放松学习，未对自己提出较高要求，同时大学生需进行自我管理，依靠自身安排学习与生活，容易出现茫然失措的心理，部分学生不会合理安排时间。

二、有效衔接高等数学与中学数学的具体途径概述

（一）强化知识衔接

立足知识内容这一角度，高等数学是初等数学的深化和提高。针对高等数学课，要将初等数学当作基础，在中学时期学过的幂函数、指数函数、对数函数、三角函数等基本性质和运算，平面解析几何中常见曲线方程、图形、不等式的性质等内容在高等数学学习中经常用到，这些问题在课堂上仅需要简单复习即可，避免出现重复。

部分初等数学知识在高等数学中尚未涉及或者涉及的角度和侧重点不同，针对此类内容，教师不能认为学生在中学已经掌握就轻描淡写或一带而过，避免在高等数学与中学数学之间形成"空白"地带，从而造成高等数学与初等数学在某些知识内容的脱节。例如，极坐标系的建立、常见函数的极坐标方程等知识在中学课程中没有涉及，而高等数学中的积分运算和积分应用问题以此为基础，若不补充讲解，学生学习这部分内容时就会难以顺利过关。中学虽已开始学习极限、导数、积分、向量的概念及计算，但仅侧重于简单计算。到了大学还要学习这些内容，侧重于对基本概念的理解及实际问题中的具体应用，在教学中一定要讲清楚它们之间的不同要求，尤其要注意中学数学内容和高等数学内容的衔接关系，使教学中知识内容不会重复与脱节，利于学生顺利渡过学习难关。

（二）做好方法衔接

第一，循序渐进地开展教学为学生营造良好的方法适应过程。在高校数学教学中，刚开始的几次课进度稍微放缓些，不断提醒并引导学生养成良好预习习惯，使之能够带着问题上课，在课堂学习中认真把握重难点，认真做好课堂学习笔记，在课后时间积极完成复习，全面总结归纳，列好层次分明的课程内容提纲，以便为复习提供便利。采用教学模式应注意，中学所学定理与习题的理解与解答是密切相关的，但是高等数学则不然，此课程体系拥有较强理论性，博大严密，概念推演与逻辑联系十分严谨，学生仅依靠习题练习难以全面理解并掌握相关理论，即使弄懂概念也不一定会做习题，因此应注重培养对学生边看书边思考的学习习

惯，立足整体角度出发，让学生全面掌握基本理论方法，在高等数学与中等数学衔接中实现学生自学适应能力的有效强化。

第二，针对例题与习题进行精心选择并强化解题技巧指导。在高等数学学习过程中，应立足方法角度对比初等数学，如可以尽可能选择一些既能够用到初等数学又可以用到高等数学知识解决相关问题，分别运用两种办法解决问题，使学生能够切实体会到知识间的相融性，将学生学习兴趣全面激发出来，使之理解能力实现强化，认知水平得以提高。例如，在初等数学中较常运用配方以及不等式进行极值求解。此类方法的优势在于利于学生理解，使学生更好地掌握知识。然而这些方法的应用存在三个缺点，要求的技巧性较高，尤其是针对较复杂的问题时能够适用的范围相对较窄，仅可针对特殊问题进行求解；最值与极值两个概念容易混淆，导致极值遗漏。通过微积分手段对极值展开求解，能够遵循固定程度，对应要求的技巧性相对较低，具有较为广泛的适用面，更容易区分极值与最值。

第三，基于多媒体教学应用实现学生思维能力锻炼。实践证明，高等数学是一门具有较强抽象性特点的课程，在日常教学实施过程中应注重多媒体教学手段的优化运用，基于板书结合多媒体及数学软件、学生实验的方法，学生对数学概念理论的理解不断强化，教学效率明显提高。例如，引入定积分时，基于多媒体动画功能的优化运用，通过矩形面积和极限展示曲边梯形面积，能够把定积分这类型十分抽象的概念更加生动形象地展现出来。与此同时，鼓励学生多动手，使思维能力得到强化锻炼，如定积分，引导学生进行编程计算，通过分割不同的积分区域实现不同值的获取，分割得越细则越能获得精确的计算结果。基于这一系列操作，学生可以深刻理解分割求和取极限对应的微分思想。

（三）改进考查方式

中学数学考试中较常见的考查方式是闭卷考试，目的在于学生对知识的理解及实际运用程度实施考查，采用的较多的题型是计算题，应用题和证明题数量相对较少。一部分数学基础薄弱的学生难以理解数学定理及解题思路，普遍依靠记忆死记硬背，结束考试之后就会很快忘光。对比高校高等数学，因为学习内容体系不尽相同，应在结合基础知识考查的同时重视考查能力强化，要将知识以及能力、素质的对应考查有机组合在一起。

第一，充分重视日常课堂考查并完成教学成果检验的及时反馈，检验学生知识掌握程度，每章节及期终展开测试固然非常重要，但在平常针对学生知识掌握情况的考查同样不容忽视，课堂提问以及课后题思考、课后作业等均属于日常考查，在整个课堂教学始终贯穿课堂提问，作用在于针对已学知识与将要学到的知识承上启下，保证教学进程流畅开展，有助于学生加深对概念理解与方法掌握程度，使之合理避免规律性错误的形成，有效建立正确的数学思想。

第二，综合评价学生并拓宽考查方式，教师应就学生数学能力展开细化评价，基于多元化方式的运用，组合给分，综合评价，包括家庭作业、小黑板演算、智力小品、杂志阅读、小测验等内容。唯有立足这些基础的综合评估，才能将学生数学课程掌握情况公正合理地反映出来。

综上可知，结合实际情况，立足现状分析，认真采取有效措施完善高等数学与中学数学的良好衔接，保障高等数学取得较高的教学质量，推动数学教育更上一层楼。

第四章 数学文化与大学数学教学的融合

第一节 文化观视角下高校高等数学教育

近年来，我国教育体制改革深入实施，各所高校逐渐增加对高等数学教学的重视度。数学文化作为人类文明的重要构成，是高数教育和人文思想的整合。高校要想提升高数教学质量，应注重数学文化的渗透，并深度掌握数学文化的特征。本节通过分析文化观视角下高校高等数学教育价值，以及数学文化特征，探索高校高等数学教育面临的困境，最终提出相关应对措施，以期为高校高等数学教育提供参考。

数学文化在数学教育持续发展中逐渐形成，并伴随时代变化，数学文化也在持续更新。文化观视角下，高等数学教育不但蕴含数学精神、数学方法等，还蕴含高数和社会领域的联系，以及与其他文化间的关系。简而言之，文化观即应用数学视角分析与解决问题。利用文化观视角处理高数问题，有利于学生深入理解与学习高数知识。同时，由于数学文化蕴涵丰富的内涵以及趣味性的高数内容，有助于调动学生对高数学习热情。因此，在高数教育中，教师应适当渗透数学文化观，引导学生运用文化观视角解析高数问题，使学生全面理解高数，并应用高数知识处理问题。

一、文化观视角下高校高等数学教育价值

（一）调动学生对高数学习热情

文化观视角下，高等数学教育适当增加文化内容教学。数学文化区别于传统

直接的传授抽象、较难理解的高数知识，文化相对灵活，并且丰富性以及趣味性较强。高等院校中，高数作为多数专业的基础学科，其理论知识对于部分大学生而言，较为抽象难懂。要想帮助学生深入理解高数知识，需要高数教师在课堂中运用案例教学方式，通过列举实际例子辅助知识讲解。并且，单纯地讲授高数理论，学生对其兴趣较低。因此，渗透数学文化，有助于引导学生了解高数知识，激发学生学习热情。

（二）促使学生充分认知数学美

文化观视角下，高校高等数学教育，有助于推动大学生充分认知数学美。文化具有丰富多彩以及艺术美感的特征。文化内涵需要学生与教师经过长期探索，感知其含义，数学文化沉淀了多年来相关学者对数学的探索与研究。其中蕴含的任何一个内容均有其存在的特殊价值与意义。并且，在了解文化内涵的过程中，可以深刻感知到其趣味性及数学美。同时，高数并非是单纯的数字构成的理论知识，高数具备自身独特的艺术美感，并存在一定规律。

二、数学文化特征

（一）数学文化具有统一性特征

数学文化作为传递人类思维的方式，具有其特殊的语言。自然科学中，尤其是理论学中，多数科学理论均应用数学语言准确、精练的阐述。比如，麦克斯韦提出的电磁理论，以及爱因斯坦的相对论等。新时代下，数学语言是人类语言的高级形态，也是人们沟通与储存信息的主要方法，并逐渐成为科学领域的通用符号。伴随社会进步，数学文化统一性特征在日后会体现在各个领域。

（二）数学文化具有民族性特征

数学文化是人类文化中蕴藏的重要内容，存在于各个民族文化中，也彰显出数学文化民族性的特征。同时，数学文化受传统文化、地区政治以及社会进步等因素的影响。民族所在地区、习俗、经济以及语言等内容的差异，产生数学文化也不同。例如，古希腊数学与我国传统数学均具有璀璨的成就，但其差异性也较大。相关学者指出，若某一地区缺乏先进的数学文化，其地区注定要败落。同时，不了解数学文化的民族，也面临败落的困境。

（三）数学文化具有可塑性特征

相较其他文化，数学文化的传承与发展，主要路径是高校高数教育，高数教学对文化的发展具有十分重要的作用。数学知识渗透在各个领域中，要想促进科技、文化以及经济等进步与发展，数学是实现这一目标的有效路径。数学自身具备的特征，决定其文化中蕴含知识的可持续性以及稳定性。因此，教育工作者可通过革新高数教育体系，进而渗透和影响数学文化。数学作为一种理性思维，对人类思想、道德以及社会发展均具有一定影响。从某种意义上而言，数学文化具有可塑性特征。

三、高校高等数学教育面临的困境

（一）教学理念相对落后

高等数学的特征主要呈现在由常量数学转向变量数学，由静态图形学习转向动态图形学习，由平面图形学习迈向空间立体图形学习。在文化观视角下，部分高数教师仍采用传统教学理念。在高数课堂中，教师并未将数学文化与高数教学有机结合，教学理念也相对滞后，对文化观背景下的高数内涵认知较为局限。例如，在空间立体图形相关知识学习时，教师利用多媒体将图形呈现给学生，用多媒体替代黑板加粉笔的组合。但这一方式，多以高数教师为中心，多媒体用于辅助教师讲授知识。教师往往忽略学生学习方法，对数学文化的渗透也相对不足。

（二）缺乏创新教学模式认知

高数学科具有其独有的特征，数学逻辑严密，内容丰富。但是，文化观视角下，高数教学面临创新性不足的难题。一方面，高数教学中无法体现文化观内容。数学课堂作为评价教学质量的主要途径，传统教学模式中，部分教师过于注重数学公式、解题技巧以及概念的讲解，忽视与学生间的互动交流，学生实践解题机会较少，难以检测自身高数知识的掌握程度。另一方面，课堂进度难以控制。部分教师虽在课堂中渗透数学文化，但往往将数学知识全部展示给学生，造成课堂进度较难控制。

（三）评价体系缺乏合理性

近几年，我国高校针对高等数学的教学评价还未完善，缺乏合理性评价机制较易导致功利行为。由于高等数学作为基础性工具学科，其价值往往被学生忽视。多数大学生较为注重自身专业课的学习，对相对抽象且难以理解的高数学科，重视度不足，缺乏对高数学习的积极性。因此，学生在课堂中与教师互动不足，导致教学评价内容相对单一。部分院校将高数课堂中，教师是否渗透数学文化作为评定教学质量的主要指标。除此之外，文化观视角下，高数教师评价学生时，往往停滞在评定学生成绩的层面上。忽视高数课堂中，学生呈现出的数学能力以及高数知识结构，导致多数学生对高数教学评价结果不认同。这一缺乏合理性的评价体系，对高数教师教育积极性、学生学习高数主动性均产生反向影响，对高数教学质量的提升造成阻碍。

四、文化观视角下高校高等数学教育的有效策略

（一）重视高数与其他学科间交流

高数不是单一的学科，作为基础性工具学科，高数与其他专业均有紧密联系，例如，化学专业、软件技术专业等。并且，多数专业的学习均以高数作为基础。高数学习十分重要，要想使学生充分意识到其重要性，高数教师应增加高数与其他专业间的交流。在讲授高数理论的同时，引导学生学习其他专业知识，促进学生深度了解数学德育应用范围。通过这一方式，使学生认知到学习高数的价值，有助于激发学生自觉学习高数的动力。

（二）革新教学理念

革新教学理念，提升高数教师综合素养。高校应呼吁教师群体通过调研、探讨等方式，逐渐确立文化观视角下，高数教学理念，并将其实践到高等数学教育

中。在这一基础上，高校相关部门应倡导、推广、践行新型高数教学理念，促进院校高数教学迈向数学文化的方向。此外，高校高数教师应深刻认知，单纯凭借教材知识的讲解，难以调动大学生对高数的求知欲。然而，丰富、趣味性的数学文化可以吸引当代大学生关注度。因此，高数教师不但应将教材中蕴含的高数知识讲授给学生，还应在教学中渗透数学文化。革新教学理念，使大学生在丰富有趣的数学文化中，深入理解与学习高数知识，实现高数教学目标，促进学生数学能力的提升。

（三）创新教学模式

高校高等数学课堂中，传统依赖教材讲解知识，学生听讲以及练习数学习题的教学模式，已经无法满足大学生发展要求。由于高数知识相对抽象，传统的教学方式难以使学生深入理解。同时，大学生历经小学、初中以及高中等阶段的数学学习，在高数学习阶段，大学生自身已经了解相对完整的数学体系。因此，教师在高数教学中，应增加引导学生学习的教育环节，使学生可以将自身所学的高数知识熟练应用到生活中，并具备解决实际问题的能力。文化观视角下，教师应将高数知识和实际问题有机融合，在实践中培养学生逻辑思维以及分析问题的才能。高数教师应为学生供应充足的实践机会，引导学生利用高数理论解决实际问题。在这一过程中，教师应起到辅助及引导作用。这一教学模式，不但可以激发学生对高数的热情，强化学生综合能力，还能使学生切实认知学习高数的价值及意义，并在解决问题后，取得一定的成就感。

综上所述，高校高等数学教育中，部分教师还未深刻认知到数学文化的重要性及其价值，对文化观的重视程度相对较低。但伴随高数教育的革新与发展，多数教师逐渐意识到高数课堂渗透文化观的重要性，并践行到高数教学中。伴随教师综合素养的持续提高，在高数教育中结合数学文化，有助于使学生逐渐增加对高数的兴趣，激发学生求知欲，进而优化高数教学质量，促进高校教育事业以及大学生共同发展进步。

第二节　数学文化在大学数学教学中的重要性

数学文化在大学数学中占有重要的地位，如何更好地在大学数学教学中融入数学文化是当前面临的难题。本节首先浅析大学文化在大学数学教学中的内涵和重要性，同时详细分析数学文化在大学数学教学中的具体应用。

数学是社会进步的产物，推动社会的发展。数学文化融入课堂改变传统的教学方式，结合学生在课堂中的实际情况引入新的教学方式，以便更好地提高学生的学习兴趣，充分发挥学生的主体作用，培养学生的逻辑思维。教师通过不断创新教学方式，提高课堂教学水平，确保教学质量。将数学文化应用在大学数学课堂中，更好地提高教学理念，可以激发学生学习数学的兴趣。

一、数学文化在大学数学教学中的内涵与重要性

（一）数学文化的基本内涵

数学文化是指数学在社会文化中的广泛影响和深刻渗透，体现在人们的思维方式、文化创作、哲学观念以及实际生活中。其基本内涵丰富而多样，包括以下几个方面：

首先，数学文化强调数学的思维方式和逻辑推理对于培养人们的独立思考和问题解决能力的重要性。通过数学的学习，人们可以培养严密的逻辑思维和精确的表达能力，这对于各个领域的知识和智力发展都具有积极作用。

其次，数学文化涉及到数学在艺术、文学、音乐等各类文化创作中的应用。例如，艺术家常常受到数学的启发，将数学的美妙融入到他们的作品中，从而使数学的抽象概念在艺术创作中得以具体而生动地表达。

再次，数学文化也强调数学在哲学和人文领域中的影响。数学的逻辑体系和推理方法对于哲学思考和认识论的深入研究提供了有力支持。数学不仅仅是一种实用工具，更是一种深刻的思辨方式，对于人们理解世界的本质和规律起到了引导和启示的作用。

最后，数学文化还体现在日常生活的方方面面，例如日历的运用、金融理财的计算、测量和统计等各个方面。数学已经渗透到了人们的日常生活，成为现代社会不可或缺的一部分。

总的来说，数学文化不仅仅局限于数学的教育和应用，更关乎数学对于人类思维方式、文化创作、哲学观念以及实际生活的深刻影响，形成了丰富多彩的文化内涵。

（二）数学文化的重要性

数学文化在大学数学中的重要性，主要包括两方面：①提高学生的学习兴趣。数学教师在课堂中可以结合数学文化进行教学，提高学生对数学的学习兴趣，从而提高课堂教学质量。在课堂中运用不同的教学方法，不仅能够激发学生的学习兴趣，而且还能够提高教学质量。结合实际课堂背景，教师可以通过多媒体方式进行教学。多媒体功能齐全，可以展示数学文化的视频、图画，吸引学生的注意力，从而使数学课堂变得更加丰富生动。教师在教学的过程中，应该脱离书本知识，结合实践培养学生的逻辑思维能力。②培养学生的创新能力。教师是课堂中的引导者，学生是主体，教师要与学生之间建立良好的关系、平等交流。大学生期间是培养学生逻辑思维能力的关键阶段，在数学课堂教学中融入数学文化，对培养大学生的逻辑思维创新能力尤为重要。数学教师可以指定具体的教学目标，在制定教学方案时要根据学生的实际情况出发，这样才能够在教学的过程中充分地发挥数学文化的作用。

二、数学文化在大学数学教学中的具体应用

（一）改变传统教学理念

在大学阶段学习数学，教师不只向学生传授课本知识，同时还要结合数学文化，让学生交接认识数学发展的历程，提高学生学习数学的兴趣。通过在课堂上学习数学知识，学生在掌握数学知识的同时，还了解了数学文化。比如：数学伟大的数学家阿基米德，在数学领域具有突出贡献，他的很多手稿保留至今。很多

数学家把阿基米德的原著手稿翻译成现代的几何方面。利用阿基米德的数学成就潜移默化地帮助学生认识数学，提高学生的数学知识。

（二）丰富课堂内容

大学教师在开展实践活动时，要结合学生的实际情况制定具体方案。选择最优质的数学内容，进行丰富课堂教学内容，丰富数学文化的基本内涵。数学教师在课堂中结合数学文化，在课堂中适当结合数学历史，讲授数学的发展历程，同时结合数学的演变进行考查，进行总结评价。课堂中融入数学文化，首先应该让学生知道数学是一门专研科目，运用推理法和判断法可以解决数学问题等。当前教学的改革越来越重视学生的成绩，重视学生的发展，所以需要教师要提高教育水平、创新课堂教学方法、具备高效的数学课堂教学理念。比如学校可以组织关于数独、填色游戏等一系列数学实践活动，学生在活动中培养逻辑思维能力，同时还激发对数学的兴趣。

（三）强化数学史的教育

大学数学教师在课堂中应该加强数学史的教育，丰富数学文化。例如：可以介绍以华人命名的数学科研成果、中国的数学成就、数学十大公式以及著名的数学大奖等等有关数学的知识。通过这种传授方式，能够让学生从宏观的角度了解数学的发展历程，同时对数学历史进行研究，学生还可以了解中外数学家的成就和重要的品格。最重要的是通过了解数学的发展历程，探究数学家的思想，可以帮助学生掌握数学发展的内在规律，对数学的进展进行指导，从而预见数学的未来。

（四）了解数学与其他学科之间存在的联系

教师在课堂中要引导学生了解数学与其他学生存在的联系，可以在课堂中介绍物理学、天文学等重大发现都与数学息息相关。牛顿力学和爱因斯坦的相对论、量子力学的诞生等等重要的研究成果都是以数学作为基础。现代许多高科技的本质就是运用数学技术进行研究的，例如：指纹的存储、飞行器模拟以及金融风险分析等。当今数学不仅是通过其他学科进行技术研究，而且是直接应用在各个技术领域中。

综上所述，数学不仅是一种文化语言，也是思考的工具。将数学文化应用在大学数学课堂中，提高学生的独立学习的能力。学生在独立学习的过程中，找到学习的方法。教师通过课堂检测发现学生存在的问题，进一步引导学生探索正确学习方法。因此数学教师要对数学进行不断的探究和发现，充分发挥数学文化在大学数学中的作用，吸引更多学生参与学习数学，进而创造更多的数学文化价值。

第三节　大学数学教学中数学文化的有效融入

数学是一门十分有魅力的学科，学习数学对大学生来说意义重大。数学不仅仅是科学技术知识学习的基础，而且和生活有紧密的联系。笔者从数学文化的重要意义与作用出发，探究大学数学教学中融入数学文化的有效路径。

高等数学教育是大学教育课程体系中的重要组成部分，数学教育不仅仅是一门单独的学科，与其他的学科也有极大的关联性，尤其是在理工科学习。数学文化一方面可以增强学生学习数学的兴趣和增强学生对数学的理解，帮助学生提高数学成绩。另一方面也能够帮助学生感受到数学与社会之间、数学与生活之间、数学与其他文化之间的紧密联系。这对于学生理解和学习数学，融入其他的知识体系有十分重要的意义。但是，目前一些院校并没有将数学文化的教育纳入到数学教学课程体系之中，对数学文化的教育的重视程度还不够，没有充分理解到数学文化对数学学习的重要意义，师资力量不够强，评价制度不够完善。有鉴于此，笔者探索将数学文化融入大学数学教学的路径。

一、加强师资队伍建设

在大学数学教学中融入数学文化是需要教师资源的有力保障才能够完成的工作。没有优质的教师，在大学数学教学中融入数学文化这项工作就不可能得到很好的推进。进行教学工作的教师是决定教育成果好坏的根本力量，因此，必须加强师资队伍建设。一是增强大学数学教师的专业知识。大学数学教师在数学文化融入大学数学教学中起到引导作用，他们本身的数学文化基础和对数学文化的理解、掌握程度对在大学数学教学中融入数学文化是具有根本性的影响。大学数学教师应当对数学史有很深刻的学习，准确把握数学史的发展、数学文化和数学思想；准确把握数学语言能够运用数学语言让大学生感受到数学文化的魅力。在教授过程中，大学教师要增强自己对数学与社会关系的认识。数学不是一门孤立的学科，与社会具有很强的关联性，可以说，在社会的方方面面，在每个人的工作与生活中，都要运用到数学知识解决一些问题。教师在教学中要很好地将数学文化与数学教学结合起来。二是增强教师的职业道德。大学教师不仅是在知识上传授给学生，而且更是道德品质的楷模。教师在进行大学教学时，要以严谨的作风和扎实的行为开展大学数学教育工作。教师的职业道德素养决定着教育的好坏程度，影响着教学成果。就数学文化融入数学教学中这项工作而言，教师的工作作风和道德品质有极其重要的影响。三是为大学教师提供良好的生活保障。建立专业的大学教师队伍对发展数学文化融入数学教学中有十分重要的意义。只有当教师的生活得到了基本保障，才可能全身心地投入到。数学教学中，才能创新工作方法，将数学文化引入到数学的教学中，增强教学效果和教学质量。

二、与时俱进，转变教学思想

在大学数学教学中，思想影响着教学效果。目前一些大学教师对数学文化融入数学教学中的认识不够充分，没有完全认识到数学文化融入数学教学中的重要意义。数学文化可以加深学生对数学的理解认识，增强学习数学的兴趣，对数学教育可以起到事半功倍的效果，然而在实际的教学中，一些教师并没有将数学文化融入数学教育教学中。在教学中，仅仅将数学的解题方法和枯燥的数学公式作为数学教学的重要内容。教师应该认识到数学文化对于数学教学的重要意义。大学教师应该认识到数学教育是大学教育中的一部分。数学不仅仅是一门学术型教育，而且更是一项人文教育，将数学文化融入大学数学教育中，能够增强学生的人文气息，让学生在学习数学的同时融入社会、融入生活，将数学知识融入其他各项知识之中。第二，学校要营造数学文化的氛围。数学文化的氛围营造对将数学文化融入大学数学教育中有极其重要的作用。学校可以张贴数学文化的宣传海报，组织数学文化的宣讲会，让学生充分认识到数学文化的重要意义，在校园内营造数学文化的传播范围。第三，学生要转变思想。学生是学习数学的主体，他们的思想得不到转变，数学教育的效果就不会得到显著提升。教师在进行数学教育时，要教育学生的思想，提高学生的思想认识，让学生充分认识到数学文化也是数学教育中的重要内容；在教学中注意引导学生自主学习数学文化的兴趣和能力，让学生感受到学习数学文化的重要性。

三、完善数学文化的教学体系

在教学中融入数学文化的教育内容，需要不断完善数学文化的教学体系。从数学教学的整体出发，将数学文化内容融入整个数学教学的体系中，对促进数学文化融入数学教学有十分重要的作用。首先，将数学文化思维融入数学教学体系中。数学思维是数学文化的重要组成部分，数学教学意义在于让学生用数学的思维思考问题。数学思维是严谨的思维，科学的思维。善用数学思维，巧用数学思维，对学生学习数学有重要的引导作用。在数学教学中，将数学思维教育作为主要教学内容是推动数学文化融入数学教学中的一部分。其次，将数学语言作为重要的数学文化内容融入数学教育中。数学语言也是数学文化中重要的内容，主要是由符号和抽象的数学概念组成。运用数学语言能够准确地表达数学的思想、数学的思维方式和数学的思维过程。语言是文化传播的载体，在数学方面也不例外，数学语言也是数学文化传播的主要载体。在大学数学教学中融入数学文化一定要学会用数学语言这一重要工具，善用数学语言传播数学文化，一定能对促进数学文化在大学数学教学中的融入有重要作用。最后，重视大学数学文化课程体系建设。大学课程虽然已经有完善的课程体系，但是并没有将数学文化的教学内容，科学地纳入到教学体系之中，并没有单独的数学文化教学课程。在实践教学中，应当将数学文化作为一门重要的学科，对学生进行单独的教学，增强学生对数学文化课程的重视程度。

四、建立数学文化教育的考核评价体系

考核评价是检验数学文化教学的重要抓手，建立数学文化教育的考核评价体系有利于推动数学文化融入数学教学之中。一是推动数学文化融入数学教育的教师考核评价。数学文化融入教育教学的具体工作成绩作为数学教师绩效考核的重要指标。考核大学数学教师在进行数学教育的过程中是否将数学文化融入进数学

教育中，有没有让学生体会到数学文化的魅力、体会到数学文化的精髓。应对在这方面做得较好的教师给予宣传和奖励，以激励其他教师。在数学教学中融入数学文化的内容，将表现较好的教师的教学方法广泛地宣传和推广，扩大影响范围。将好的教学方法传授给其他的教师，增强数学文化融入数学教学中的实际影响力。对于在这方面做得较差的教师，给予批评和指导帮助他们将数学文化融入数学教学中。二是建立学生的数学文化考核评价制度。在对学生进行课程考核时，将数学文化的学习成果作为考核指标之一，这样可以增加学生对数学文化学习的重视程度和学习的主动性。单纯将数学计算的考核成绩作为评价指标不利于全面地评价学生数学学习情况的好坏。将数学文化的学习情况作为学生数学学习成绩好坏的评价指标之一，对于全面评价学生的数学学习情况有十分重要的意义。对于一些在数学文化学习上取得成绩的学生应给予奖励，激励他们在今后的数学学习中发挥优势，注重数学文化的学习，并将其作为学习的榜样。

第四节　数学文化提高大学数学教学的育人功效

将数学文化渗透到大学数学教学中具有重要意义，它能够培养大学生的数学文化素质。本节对数学文化进行了简要论述，研究了数学文化在大学数学教学中形成的育人功效，并在最后阐述了在大学数学教学中渗透数学文化的方法。

随着数学文化思想的不断渗透，人们对数学教学工作也更为重视，特别是大学生的数学素质在当今教育发展中具有重要意义，所以，加强数学文化的教学实践过程，不仅能够使学生在数学学习中感受到文化，而且还能形成不同的文化品位，从而提升数学教育与数学文化的概括性发展。

我国数学在教育领域发挥主导力量，学生一般会认为数学是一种符号，或者是一个公式，它能够利用合适的逻辑方法计算，并得出正确的答案。在1972年，数学文化与数学教学作为一种研究领域出现，并象征着传统的知识教育转变为素质教育。所以，在大学数学教学中，要利用传统的教学方法，提高学生的素质能力。

在传统的文化素质教育中，主要培养学生的人文素养，并提高学生在自然科学中的科学素质以及文化素质。数学教学不仅仅是一种文化教学，同时也是一种科学思维方式的培养过程。所以，在数学教学中，在学生形成一定的认知情况下，对学生的成长以及生命的潜在需求进行关注，并将学生的知识思维转移到价值发展思维上去，并形成一种动态性教学形式，在这种情况下，不仅能够使学生在课堂教学中形成全面认识，还能促进学生在认知、合作以及交往等能力方面的相互协调与发展。

当前，在数学课堂中主要对数学中的定理与公式更为关注，但这并不是数学的本身。在课堂教学中，都是经过习题训练的方式才能掌握到数学知识的真实信息，要促进该方式的优化与改善，就要将数学文化渗透其中，并促进数学理念与数学模式的创新发展，然后将数学文化与一些抽象知识联合在一起，以保证数学课堂具有较大的灵活性。而且，根据对数学思想的深度研究，学生的创造意识以及理性思维精神也得到积极培养，其中，数学中形成的理性知识是在其他学科中无法实现的，它是数学中一种特殊精神，因此，在数学教学中，不仅要重视相关理论知识的传输，还要重视育人培养，并使学生认识到数学文化的重要性，激发学生的学习兴趣与学习热情。数学中的教与学是一种互动过程，它能够让学生在其中积极探讨，并改变传统的教学方式，所以说，利用数学文化不仅激发了学生学习的积极性与主动性，促进学生形成良好的创新精神，还使学生更热爱数学，合理掌握数学知识，以提高自身的科学文化素质。

一、数学文化应用到大学数学教学中形成的育人功效

（一）执着信念

将数学文化渗透到大学数学教学中能够使学生形成执着的信念，信念是认知、情感以及意志的统一，人们在思想上能够形成一种坚定不移的精神状态。大学生如果存在这种信念，不仅能够在人生道路上找到明确的发展目标，为其提供强大的前进动力，而且还能形成较高的精神境界。信念也是一种内在表现，主要包括人生观、价值观等方向，而存在的外在表现更是一种坚定行为。所以，大学生在人生的道路中要确立目标，就要将信念作为一种动力。我国在当今发展背景下，已经将国家发展落实到青年中去，因此，在这种发展情况下，大学生更要加强自身信念，并形成正确的人生价值观，这才是教育工作者在发展过程中主要思考的

内容。在大学数学教学中，将数学文化渗透其中，还能够对大学生的人生价值观进行积极引导。如：在大学数学的《微积分》课程中就存在一些育人功效，它不仅能够阐述出数学发展的历史，使学生感受到数学家的独特魅力，还能从知识中获取更多鼓励，并增强自己的学习信念。

（二）优良品德

在大学教学中，学生不仅要具备完善的科学技术文化，还要形成较高的思想道德品质。在大学数学教学过程中，也要形成一些优良品质，所以，将数学文化贯彻到大学数学教学中，能够将一些育人功效完全体现出来。在其中，教师就要适时转变，不断调整，以使学生能够适应大学生活。很多学生在高中阶段都向往着大学的自由，但大学生活与学生想象的存在较大差异，这时候，他们会比较失落、沮丧，所以，应对大学生思想进行及时调整。例如：在《微积分》课程中，针对一个问题，要求学生运用多种思维、学会变通，保证能够在解决问题期间随机应变。将数学文化渗透到大学数学教学中，能够对大学生善于发现问题、随机应变的解题能力进行培养，并在其中学会创新，以促进学生的全面发展。

（三）丰富知识

将数学文化渗透到大学数学教学中去，能够使学生掌握到丰富的知识。因为在大学数学学习中，学生不仅要具有较强的专业知识，还要形成广阔视野。大学数学是高校中主要开设的一门必修课程，能够提高学生的数学能力。但在实际学习期间，不仅将传授知识与训练能力积极培训，还要不断挖掘课程中的相关素材，以保证数学文化、数学历史以及数学知识等得到充分体现。数学家研究出的数学真理都是经过实践验证的，学生在该形式下，不仅能够养成敢于挑战的精神，而且还能利用相关思想应用到其他科目上去，从而实现一定的育人效果。

（四）过硬本领

将数学文化渗透到大学数学中去，能够培养学生的过硬本领。现如今，数学在科学技术、生产发展中发挥巨大作用，并在各个领域中得到充分利用。其中，微观经济学中就需要函数、微积分等知识，能够利用数学手段解决社会与市场上面对的问题。例如：万有引力定律、狭义相对论以及方程形式等都是利用数学知识得来的，所以说，数学在其中扮演着较为重要的角色。而且，将数学文化渗透到大学数学教学中，还能提高学生的数学素养，并促进自身的过硬本领。文化是人们在社会与历史发展中创造的物质财富以及精神财富，它不仅是一种价值取向，也能对人们的行动进行规范。数学文化的形成存在较高的文化教育理念，能够对存在的问题进行分析解决。因此，根据文化发展视角，使学生在数学学习中体会到数学文化与社会文化之间的关系，以使学生的数学文化素养得到积极提高，保证创新人才、高素质人才的培养目标积极形成。

二、渗透数学文化提高大学数学教学功效的对策

（一）转变数学教学观念

在大学数学教学中，转变传统的思想观念，保障在实际的数学教学中形成数学文化。数学观的形成在教学中存在着较为客观的影响，数学教师的思想观念直接影响着学生对数学知识的掌握，如果形成不合适以及消极的数学观念、数学教学方法，学生的思维发展产生的也是负面影响。为了增强对它的认识，并在思维方式上形成积极性以及完美的追求，就要体现出逻辑与直观、分析与构成、一般与个性的要素研究。只有共同的发展力量才能实现数学的本身价值，因为数学并不是表面上一种简单的知识总和，人们主要将其看作是一种创造性活动。所以说，数学观念具有多种特点，其中也包括多种数学教育方法。随着现代科技文化与现代形态的形成，他们都是在数学思想上发展起来的，所以，数学教育者应改变传统的、单一的数学观念，并促进其教学符合当代的发展需求。数学也是一种逻辑体系，在对其创造过程中需要猜测、推理等，不仅要在大学数学教学中体现出理性精神，还要将社会文化作为依据，促进人文价值的实现。在大学数学教学过程中，要促进数学理性精神与文化素质的结合发展，并根据数学思想的积极引导，教师不仅能够利用有效方法促进自身传授的有效性，而且还能保证数学思想得到合理渗透。

（二）联系文化背景

结合文化背景，促进大学数学教学课堂的优化。因为大学数学中的教学内容具有较高的抽象化，在高考教学目标的积极引导下，学生认为数学学习是为了考试，所以，为了使学生形成正确的学习思想，教师就应根据文化背景进行分析。在西方，人们认为数学中的知识都要利用逻辑方法对其证明，所以数学形成了一种思维体系，在自然发展以及社会进步中都发挥着较大作用。结合我国发展的具体情况以及古代的一些数学思想，数学成为一种实用技术，我国数学文化没有形成一种与自然、与社会等因素密切相关的数学精神。在这种背景下，要求学生不仅要接受西方的理性主义，还要对我国的传统文化形成认知，并打破自身的思维局限，将数学文化作为主要的发展背景，以实现数学的文化价值以及产生正确的理性数学精神。

（三）加强思想方法

在数学教学中，加强思想方法能够调动学生的学习兴趣。目前，大学生在应试教育发展下都习惯实现解题训练以及技能训练，他们认为数学是解题，但却忽视了数学本质中的一般思想方法。在大学数学教学中，学生应认识一种技巧，并对其中的数学知识进行推理、判断等。所以，在教学中，要加强学生的思想阐述，并激发学生的学习兴趣。对于宏观的数学思想，主要包括哲学思想、美学思想以及公理化方法等。数学思想方法要展示出知识的发生过程，并能够对其中的细节进行点拨。例如：在 Taylor 公式中，首先，要了解 Taylor 公式最初产生的背景，因为在航海事业发展中，会利用到三角函数、航海表等，不仅需要确定出其中的精度，还要解决一些问题，所以说，函数是非线性知识中良好的思想方法。然后，提出相关问题，因为该方法不能实现较高的精确度，所以，就要实现多项式、高精度二次公顷式。接着，对猜想的结论进行论证，并得出 Taylor 公式。最后，将Taylor 公式的复杂式表现为简单化。

大学数学教学不仅仅是知识的传授，还是学生素质提高、能力培养的过程，将数学文化渗透到大学数学教学中去，学生必须要认识到数学知识与数学文化之间的关系，然后实现两者之间的有机结合，在这种层面上，不仅能够表现数学文化代表的意义，还能保证大学数学教学达到良好效果，进而使学生在文化熏陶下提高自身的数学素养。

第五节 数学文化融入大学数学课程教学

从数学文化融入大学数学课程的背景与现状分析，提出了教学改革思路及需要解决的关键问题，给出了将数学文化融入大学数学课程的具体实施方法。实践表明，通过教学改革充分调动了学生的学习积极性，提高了学生的数学能力，取得了较好的教学效果。

大学数学课程是工科专业开设的必修课，对于理科及工科专业，教师多半以讲授数学知识及其应用为主。对于数学在思想、精神及人文方面的一些内容很少涉及，甚至连数学史、数学家、数学观点、数学思维这样一些基本的数学文化内容，也只是个别教师在讲课中零星地提到一些。很多文科专业使用的教材和课程内容基本是理工科数学的简化和压缩，普遍采取重结论不重证明，重计算不重推理，重知识不重思想的讲授方法，较少关注数学对学生人文精神的熏陶，更多的是从通用工具的角度去设计教学。因此，很多大学生仍然对数学的思想、精神了解得很肤浅，对数学的宏观认识和总体把握较差。而这些数学素养，反而是数学让人终身受益的精华。因此，在大学数学教学中应注重数学文化的融入，培养学生的数学修养。

一、数学文化融入大学数学课程教学的思路与解决的关键问题

（一）数学文化融入大学数学课程教学的基本思路及目标

基本思路对于理工科专业的学生，仍然需要加强数学在工具性和抽象思维方面的能力培养，适当地融入数学文化等内容，提高大学生学习数学的兴趣。文科学生参加工作后，具体的数学定理和公式可能较少使用，而让他们能够受益的往往是在学习这些数学知识过程中培养的数学素养——从数学角度看问题的出发点，把实际问题简化和量化的习惯，有条理的理性思维、逻辑推理的意识和能力，

周到地运筹帷幄等。所以，对于文科学生而言，数学教育在工具性和抽象思维方面的作用相对次要，在理性思维、形象思维、数学文化等人文融合方面的作用更加重要。

在教学中，应使学生掌握最基本的数学知识，掌握必要的数学工具，用来处理和解决自然学科、社会及人文学科中普遍存在的数量化问题与逻辑推理问题。尽量使文科学生的形象思维与逻辑思维达到相辅相成的效果，并结合数学思想的教学适当地训练他们的辩证思维。了解数学文化，提高数学素养，潜移默化地培养学生数学方式的理性思维，使数学文化与数学知识相融合，尽可能地做到水乳交融。

基本目标通过数学文化融入大学数学课程教学使学生理解数学的思想、精神、方法，理解数学的文化价值；让学生学会数学方式的理性思维，培养创新意识；让学生受到优秀文化的熏陶，领会数学的美学价值，提高对数学的兴趣；培养学生的数学素养和文化素养，使学生终身受益。

（二）数学文化融入大学数学课程教学需要解决的关键问题

数学文化融入大学数学课程教学需要解决以下关键问题：（1）数学教育对于大学生尤其文科大学生的作用；（2）文科高等数学教材体系、教学内容与文科专业相匹配；（3）在教学中培养文科学生形象思维、逻辑思维及辩证思维；（4）将数学文化及人文精神融入大学数学教学中。

二、数学文化融入大学数学课程的实施

（一）将提高学生学习数学的兴趣和积极性贯穿于教学的全过程

教学中从学生熟悉的实际案例出发，或从数学的典故出发，介绍一些现实生活中发生的事件，以引起学生的兴趣。例如：在讲定积分的应用时，介绍了如何求变力做功后，用幻灯片展示了2007年10月24日我国成功发射的嫦娥一号卫星，历经8次变轨，于11月7日进入月球工作轨道。然后向学生提出了4个问题：卫星环绕地球运行至少需要多少速度；进入地月转移轨道至少需要多少速度；报道说，当嫦娥一号在地月转移轨道上第一次制动时，运行速度大约是2.4 km/s，

这是为什么；怎样才可保障嫦娥一号不会与月球相撞。学生利用已有知识给出了回答，提高了学生的学习积极性。

（二）将揭示数学科学的精神实质和思想方法等数学素养作为教学的根本目的

文科数学课时比理工科少一半，所学一些具体的定理、公式往往会忘掉，但若通过学习能对数学科学的精神实质和思想方法有新的领悟和提高，才是最大的收获，并会终身受益。数学素质的提高是一个潜移默化的过程，需要教师引导，学生领悟。因此，在数学知识的教学中，应重视过程教学，介绍一些问题的知识背景，讲清数学知识的来龙去脉，揭示渗透于数学知识中的思想方法，突出其所蕴含的数学精神，让学生在学习数学知识的同时，自己体会数学科学精神与思想方法。根据文科学生长于阅读的特点，在教材的各章配置一些阅读材料，要求学生课后认真阅读。这些材料适时、适度地介绍了基本概念发生、发展的历史，扼要地介绍数学发展史中一些有里程碑意义的重要事件及其对于科学发展的宝贵启示，以及一些数学家的事迹与人品，并以较短的篇幅简要地介绍了数学科学中的一些重要思想方法。

（三）结合专业特点讲解数学知识

高等数学有抽象的一面，尽管注重过程教学，但数学基础较差的学生仍难以理解数学知识所蕴含的数学思想方法。考虑到文、理、工科学生对自身专业的偏好以及已有的专业知识，在教学中，教师应以学生专业为教学背景，引入课题，说明概念，讲解例题，使得抽象的数学知识与学生熟悉的专业联系起来，激发学生学习的兴趣。如介绍微积分在经济领域的应用，通过边际效应帮助学生加深对导数概念的理解；引用李白的诗句"孤帆远影碧空尽，唯见长江天际流"来描写极限过程；通过气象预报和转移矩阵加深学生对矩阵的认识；通过《静静的顿河》《红楼梦》等文学艺术作品作者的考证说明数理统计的思想方法；从"三鹿奶粉"事件的法律诉讼引申到假设检验以及如何选取"原假设"和"备择假设"。

在大学数学课程中渗透数学文化素质教育，作为教师，要树立正确的数学教育观，深刻地理解和把握数学文化的内涵，在教学活动中积极实践，勇于创新。对学生来讲，只有利用一定的数学知识或数学思想解决一些现实问题，或了解用数学解决实际问题的一些过程与方法，才能体会到数学的广泛应用价值，真正地形成数学意识，培育数学素养，提高数学素质，从而提高运用数学知识分析问题和解决问题的能力。

第六节　数学文化在高等数学中的应用与意义

在我国目前大部分的高校，不论什么专业都把数学这门学科作为必修课，尤其对于理工学科的学生，数学显得尤为重要，数学无处不在地体现在他们的学习与日常生活中。高校的教学方式不能像九年义务教育那样，只着重数学的实际应用，在实际的教学过程中，我们要对学生进行培养数学文化素养，使数学文化能够在高校教学中得以体现。本节以高等数学教学为主要背景，讲述了数学文化在高等数学中的应用及重要意义。

在高校教学中，理工学科学习的成绩与数学息息相关，要想高标准地将理工学科知识掌握，必须具有相对扎实的数学知识及全面的数学思维，这就要求学生在高中的学习中全面发展。九年义务教育中，对数学的教育方式过于死板，只用教材中的公式及理论去解决数学问题，学生的学习目的只是为了应付考试，而不是发自内心地喜欢数学。进入大学以后，数学的难度增强，如果还用传统的学习方式，不仅数学成绩没有提高，而且还会影响其他相关科目。所以在大学教学中，要将数学的文化渗透进去，使得学生能够对数学有更深层次的了解，这样学生在提高学生的学习兴趣的同时，对数学知识也有一定的理解。

一、在高校教学中应用数学文化的重要意义

（一）端正学生学习的态度

学生的心态决定着学生对数学学习的态度，学生学习数学的时候，是否有积极性与主动性直接影响到数学学习效果。在教学过程中，我们要将数学文化渗透进去，通过了解数学文化，进而激发学生的积极主动性，调整学生的学习态度。我们可把一些知名数学家的传记在课堂上进行讲解，用他们那些钻研数学的刻苦精神鼓励学生产生学习的动力及兴趣，达到刻苦学习数学知识的目的。

（二）形成学生对数学学习的意志

数学学科相对其他学科而言，抽象性和逻辑性很强，对于学生来讲，这门学科的难度很大，在数学学习的过程中，会遇到很多困难来打击学生们学习的积极性，学生学习数学的时候，显得很吃力，在一道数学题上耗费大量的时间是常有的事，学生很容易产生放弃学习的想法。所以，我们在数学教育过程中，将数学文化知识融入进去，让学生在数学文化历史中得知数学历史的辉煌成就，在提高学生对数学学科的兴趣同时，使学生们产生想把数学继续发扬的责任与使命感，当有放弃学习数学的想法时，会有一种力量促使他们在学习数学的道路上继续前行。

二、在高校教学中应用数学文化的策略

（一）对教学设计进行优化，展开研究型数学文化教学

数学教学文化其主要是教师将数学内涵和数学思想传授给学生的过程，是教师与学生共同发展与交流的过程。教师在教学过程中，要对教学设计进行优化，展开研究型数学文化教学模式，才能使数学文化能够更好地渗透到大学教育中。

总结：要结合学生的专业，研究出学生能够自主且独立思考的教学方式，学到基本数学知识的同时，对数学精神进行培养。在教育的过程中，教师要多多鼓励学生能够将自己的问题与想法提出来，勇于提出质疑，使得数学文化能够逐渐地渗透到高校教学中。

（二）增强教师自身文化素养，取缔传统教学模式

必须取缔传统的教学模式，改变教学观念，提高教师自身的文化素养，才能将数学文化渗透到数学教学中。由于我国教学一直采用传统教学模式，应试教育使得教师只注重数学的实际应用，而对数学文化只字不提。所以，教师要将原有的教学理念改变，注重数学教学实际应用的同时，要将数学文化引入到课堂中，将数学文化逐渐地渗透到数学教学中。教师是数学教学的施教者、组织者和引导

者，应该利用课余时间进行进修，提高自身数学知识的同时，增强自身数学文化素养，以丰富的数学文化知识，熏陶自己，在日常生活中，找寻与数学相关的理论知识及使用方法，为课堂上能够更好地将数学文化与知识相融合奠定基础。这样，才能使得数学文化能够更好地渗入到大学教学中。

（三）完善数学教学内容，提高学生对数学学习兴趣

要想将数学文化更好地在高校教学中应用，那么在数学学科的教学过程中，教师要对数学教学内容进行整合，丰富教学知识，不能仅限于将教材内的知识对学生进行灌输。在高等数学教学中，作为教师，要适时地将与数学文化相关的内容逐渐地引入到数学教学中，例如数学的发展历史、概念及公式的来由、定理的衍生等，减少课堂教学中的枯燥感，把课堂氛围变得活泼起来，使学生在学习基础知识的同时，更好地对数学发展历程进行了解。教师在授课的过程中，要简明扼要地讲述教学内容，从而激发学生们的学习兴趣，在短时间内，将学生的学习情绪稳定下来，达到吸引学生注意力和开发学生数学文化思维的目的。经过多年的教学经验，我们不难看出，数学教材当中，有很多教学内容能侧面帮助学生形成正确的人生观和世界观，所以，教师在教学的过程中，一定要重视对学生进行数学历史的相关知识进行讲授，使学生能够更好地对数学发展历程有所了解，渗透数学文化教学的同时提高学生对数学的学习兴趣，促使学生建立数学学习的自信心，提高学生自主学习的积极性。

总而言之，将数学文化引入到高等数学教学中，能对教学质量进行提高的同时，还能使学生对数学的学习兴趣增强，从而提高学生对数学学习的自主积极性。所以，作为高校教师，一定要将自身的数学文化素养进行提高，把数学基础知识与数学文化有机结合，将学生们对数学知识的好奇心调动起来，使得数学文化能够发挥它最高的作用，让学生能够更好地吸收数学文化基础知识。

第五章 高等数学教学中学生能力培养

第一节 高等数学教学中数学建模意识的培养

如何有效培养学生的数学建模意识历来是高数教师积极探索的课题。本节笔者结合自身教学实践，针对高等数学教学中数学建模意识的培养提出了三点策略性意见，即在概念讲解中挖掘数学建模思想、在定理学习中示范数学建模方法、在大量练习中体会数学建模的应用，希望对相关教育工作者有所助益。

高等数学在数学领域占据着十分重要的地位，它具有严谨的逻辑性和广泛的应用性，是人们在生活、工作和学习中的重要工具。而数学建模的主要意义即为让学生通过抽象和归纳，将实际问题构建成一个可用数学语言表达的数学模型，进而利用数学知识顺利解决，同时在构建模型和解决问题的过程中，也使自身的数学思维及应用能力得到锻炼和发展。鉴于此，如何有效培养学生的数学建模意识历来是高数教师积极探索的课题。以下笔者拟结合自身教学实践，针对高等数学教学中数学建模意识的培养谈几点策略性意见，希望对相关教育工作者有所助益。

一、在概念讲解中挖掘数学建模思想

我们知道，无论哪一门学科的知识，概念和定义的形成都建立在对客观事物或普遍现象的观察、分析、归纳和提炼的基础之上，是经过科学论证形成的学科语言表达。高等数学作为一门逻辑性和应用性强的工具学科，这一点体现得尤为明显，换言之，即其概念和定义都是从客观存在的特定数量关系或空间形式中抽象出来的数学表达，从本质上说，其本身即蕴含和体现了经典的数学建模思想。

因此，我们在进行数学概念或定义的讲解时，一定要重视挖掘其中的数学建模思想，使学生从本源的角度更好把握。具体来说，即为借助实际背景或实例，强调从实际问题到抽象概念的形成过程，使学生体会数学建模思想，这不仅有助于其在潜移默化中逐步树立数学建模意识，也有利于其对概念或定义的理解和掌握。

例如，在讲授极限的定义时，如只单纯灌输，则不少学生会由于其高度的抽象性而感到空洞，如此既不利于对定义的学习，体会数学建模思想更将无从谈起。这种情况下，教师就可合理引入一些实际背景，结合实例进行讲授，如我国古人所说的"一尺之棰，日取其半，万世不竭"，其中就含有极限的思想；再如古代数学家刘徽利用"割圆术"求圆的面积，实际上就利用了极限思想；还可以通过一组实验数据或是坐标曲线上点的变化等实例向学生展示极限定义的形成，并深入挖掘其实质。这样就不仅能使学生相对容易地掌握定义，而且更能体会其背后的数学建模思想，从而促进其数学建模意识的培养。

二、在定理学习中示范数学建模方法

高等数学中涉及很多重要的定理及公式，学生应在理解的基础上掌握其运用角度和应用方法，并能利用其解决一些与之相关的实际问题，这是对学生学习高等数学的基本能力要求之一。而在引用某些定理解决实际问题时，毫无疑问会涉及数学建模，因此，教师在日常教学中进行定理及公式的讲授时，应注意选择一些相关实际问题作为数学建模的载体，并加以详细而深入的建模示范，从而在学生初始接触定理和公式时即能触发对数学建模思想的应用意识和能力。这可以说是培养学生数学建模意识的关键环节和有力途径，是显著促进学生形成数学建模意识的直接途径。如能长期以这种理论联系实际的方式对学生加以熏陶，无疑也能使学生在潜移默化中增强数学建模意识和数学应用能力。

例如，一元函数介值定理是高等数学中的重要定理之一，其应用也比较广泛，在学习此定理时就可以合理引入比较有代表性的实际问题进行建模示范。笔者曾用过有名的所谓"椅子问题"：将一把四条腿的椅子置于一个凹凸不平的平面，椅子的四条腿能否有同时着地的可能？试着做出证明。在示范建模并加以证明的过程中，就使学生对抽象的介值定理有了更深层次的理解，同时体会了数学建模的应用，尤其是如何用数学语言描述实际问题，从而更好地建立模型，另外，也在一定程度上提升了对介值定理的应用能力。

三、在大量练习中感悟数学建模的应用

俗话说"实践出真知"，只有不断地进行应用演练，才能促使学生真正树立起数学建模意识，并切实体会数学建模思想及方法的应用。这方面，数学应用题无疑是最好的练习阵地，它的主要作用便是提升学生运用所学知识解决实际问题的能力，因此较多地涉及建模问题，尤其是突出思想和方法的应用过程。笔者建议，在学习过相关理论知识后，应"趁热打铁"，适当选取一些经典的实际应用问题供学生练习和提升，即通过分析、归纳和抽象构建数学模型，而后运用数学知识解决问题。这是培养学生数学建模意识的发展和补充，值得我们高度重视。

比如，与导数相关的实际应用问题有经济学中的边际分析、弹性问题、征税问题模型；与定积分相关的有资金流量的现值和未来值模型、学习曲线模型等；微分方程则涉及马尔萨人口模型、组织增长模型、再生资源的管理和开发的数学模型等，尤其是利用微方程模型分析一些传染病中的受感染人数的变化规律，从而探寻如何控制传染病的蔓延。总之，可用于学习练习数学建模的经典实际应用问题有很多，我们应合理选取重点讲解，引导学生增强数学建模能力和解决实际问题的能力，从而获得更大的进步和发展。

综上，笔者结合教学实践，就如何在高等数学教学中培养学生的数学建模意识提出了三点浅显见解，即在概念讲解中挖掘数学建模思想、在定理学习中示范数学建模方法、在大量练习中体会数学建模的应用。当然，培养学生的数学建模意识是一个具有一定深度和广度的话题，我们只有在教学实践中积极探索，深入思考并善于总结，才能找到更多更有效的策略及方法，从此角度讲，本节仅为抛砖引玉，尚盼方家指教。

第二节　高职高等数学教学中学生能力的培养

数学在我们的学习中占有重要的位置。如何才能有针对性地对学生进行能力方面的培养，这是一个十分重要的问题，能力关乎我们的各个方面，数学能力的培养具有应用性、精确性。确定了培养能力的各个方面，让自己更加优秀，使自

己在数学能力方面不断地发展，对自我也是一种提高。本节讨论了高等数学学生能力的培养策略。

在我们进行学习的过程中，高等数学占有重要的位置，它对于各个学科都有基本的作用，比如，我们学习自然科学、经济学、管理学的时候，高等数学都是学习它们的基础，能让学习更加顺利，起到一个了解的作用，不用太为不了解具体情况而发愁，所以高等数学的学习对于我们至关重要，我们需要在高职高等数学方面打好基础，才能更好地学习其他各科。我们在学习的过程中不能光靠老旧的思想去学习，要加入新的思想，让学习思想变得活跃，更好地学习高等数学。我们要靠自己的实力进行学习，加上自己的实力，让自己的实力得到充分的演绎，让自己在高等数学方面更加长远地发展下去、优秀下去，达到高等数学能力培养的目的。

一、自学高等数学的能力

自学能力学生很少具备，也很少有学生能够做到自学，自学的话是完全依靠自己进行学习，我们需要通过查阅资料、买资料、图书馆阅读等方面来进行学习，以此达到自学的目的，但是自学的难度很大，还要在很大程度上依靠一颗自觉性的心。在学习的过程中，老师应该尊重学生的学习自觉性，让学生占据主导地位，以此来让学生养成良好的自觉学习习惯，不至于太过依赖老师，这样的话学生自学高等数学的能力就会大幅度提高。如果过度依赖老师的话，学生的自觉性不会提高，会大幅度下降，那么学生对高等数学自学的能力就会降低，甚至是消失。在上高等数学课的时候，老师也更应该把主导地位让给学生，让学生的思维能力得到扩展，在问题上进行求同存异模式，这样就会让学生得到无限的发展空间，他们会对问题进行讨论、研究，这样就会加深记忆，也会对他们能力有所提升。老师实行这样的方法，不至于让学生离开老师就什么也不知道，什么也办不到了，老师采用这样的方法能让学生更加独立地进行思考，同时在自学能力方面有所提高。上课的主导权在学生手里，学生对问题、对课堂内容、对课程的章节都会有所整合，自己整理规划才是真正属于自己的东西，才能更好地把握知识，对知识有一个正确的分析能力和分辨的能力。在进行思考的时候，让他们自己去有一个思考的时间，自己去动手，这样才能锻炼他们的能力，让他们的能力得到一定程度的提升，也让他们得到进一步发展。

二、学习高等数学的兴趣

做任何事情之前我们都要先提升自己对这件事情的兴趣，这样我们才能更好地完成它，如果我们对这件事情没有兴趣，那么我们就不会产生积极心理，这件事也就失去了它的真正价值所在，我们没有去尽力解决这个问题，去认真地听。老师在讲解的时候或者在老师没有进行讲解的时候自己要认真地查阅资料，所以在做一件事情的时候，我们一定要提升对它的兴趣，提高自己的积极心理，高等数学也是，我们必须要提升自己学习高等数学的兴趣，这样才能加深对高等数学的了解，加强对在高等数学这方面的知识扩展能力。兴趣是我们学习任何事情的基础，我们只有对这件事感兴趣，才能更好地完成它，更好地解决它。在任何时期高等数学学习的过程中，老师一定要先提升学生学习的兴趣。我们可以通过多种方式来提升学生的兴趣，学生的兴趣是很容易被调动起来的。其实高等数学对于学生来说难度是比较大的，在调查中可以很明显地看出学生对于高等数学的学习积极性并不大，主要原因是高等数学的学习难度比较大，很多学生都不好好学习，还饱受高等数学学习难度的困扰，这个时候我们只要调动学生的积极性，学生的兴趣就会被提高，那么在学生感兴趣的基础上，学生就不会感到难度太大，同时在老师一点一点的讲解过程中，学生会跟着老师的思路走，其实更能让学生感觉到没有那么难，只是学生一方面需要克服自己的畏难心理，另一方面需要提起对高等数学的兴趣，这样才能达到良好的学习高等数学的效果，才能进行自我的提升。在老师进行高等数学教学的过程中，首先老师需要改进自己的学习方法，提升学生的学习效率，然后调动温馨融洽的学习氛围，让学生更好地融入学习的课堂中。比如，在我们讲解二元函数的偏导数时，首先，学生已经对一元函数有了明确的认识，在这个基础上，老师只需把二者进行比较来学习，在一元函数的基础上，二元函数能够更加简单地进行学习，通过比较来进行学习，学生学习起来也会比较容易、比较轻松；通过比较学习，二元函数是学生在了解一元函数的基础上进行学习，这样也会对二元函数进行了解，学生不会感觉太难，就会增加学习的积极性，增加求知欲，这样二元函数的学习也能得到提高。

三、高等数学的思维能力

在我们学习的过程中，我们的思维能力至关重要，老师也要对我们的思维能力着重进行培养，比如在老师进行问题考查的时候，不要很快给出问题的答案，要给学生留有一定的思考空间，让学生进行思考，这样学生的思维能力才能提高，而且老师还可以根据课堂上讲的内容，对课堂上讲的内容有所扩展。数学思维是我们对客观世界进行的一种看法，我们可以通过我们的直觉来判断，以此推出问题的答案，得出解答的规律，让复杂的事情变得简单，不会再有其他麻烦的心理，这样会解决很多问题，得到很多问题的答案，让自己得到进步。中职学生高等数学的发展并不是直接给出学生问题的答案，这不利于学生思维能力的发展，让学生通过类比、推理等方法让学生进行发展，这样学生会得到思维能力的提升，让学生的思维变得活跃起来，不会太过于愚钝。学生进行学习的时候，让学生根据不同的层面发出自己的观点，在不同的层面得到一种观点，这样就会得到多种层面理解的思维能力，使学生的整体素质得到发展，科学思维得到显著提升。

四、高等数学的应用与创新能力

在完成高等数学的学业过程中，学生应该更注重自己的创新能力。创新能力对于学生的学习至关重要，是学习所必须具备的一项技能，创新能力也是学生不断进行自我发展、不断进行自我提高的基础。老师不必将自己固定的题传达给学生，而是可以让学生通过自己的想法自己创造出题型来做，这样就会对学生的创新能力有一个局部的提升。比如在学习参数高阶导数时，老师可以参照一阶导数的求导方式求出二阶导数的求导方式方法，不必非要参照课本上的求导方式，这也是对学生的思维能力的一个提升，在创新方面也发挥着它的作用。我们在课堂中要营造一种公平、民主的氛围，让学生进行讨论、研究，不要对学生太过限制，这样不利于学生创新能力的发展，老师要让学生不断创新，不断实践。

能力的培养在高等数学学习中至关重要，在现如今注重学生能力培养的时代，我们更应该对学生进行各方面优质教学，老师也起到了很大的作用，老师对待学生有疑惑的知识点，要不断地学习，不断对自我进行提升，这样才能更好地教学生。我们不能止步不前，我们的能力需要不断地提高。

第三节　高等数学教学中数学思想的渗透与培养

在高等数学教学中，为准确把握及有效应用高等数学知识，我们必须具备良好的数学思想。本节将简要讨论数学思想在高等数学教学中的渗透和培养，希望在未来帮助数学教学更好开展。

针对大学生数学学习的现状，我们可以发现数学思想的教学在高等数学教学中具有十分重要的意义。"渗透性"是数学思想和方法应用的初始，同时教师应当带领学生在学习过程中做好小结，并且在考核时也能对数学思想方法进行有效利用。数学思维方法有目的的普及化可以最终提高学生学习数学和提高数学素养的能力。

一、数学思想在高等数学教学中的渗透意义

有利于提高学生数学能力。为提高学生数学能力，老师需不断提高学生数学基础知识，但是即使提升数学知识，也不能将知识直接转换成数学能力。数学能力水平取决于数学思维方法的掌握程度。当意识达到一定高度后即发生质变，从而构成理性认识，也就是我们所说的数学思想方法。学生的认知能力提高后，数学能力逐渐形成，这对学生学习非常有利。

有利于培养学生的创新思维能力。实践意识的培养和创新意识是高等数学思维方法的首要目标。学生在具备原理后，逐渐构成类比，随后将其迁移到相关实践与学习中。学生在掌握数学思想方法后，有利于促进数学知识迁移，将知识逐渐转变成能力，最终形成二次创新。因此，将数学思维方法融入数学教学的方法不仅可以帮助学生掌握数学知识，还可以帮助学生在掌握知识的基础上实现创新。

有利于培养学生的可持续发展能力。在未来学生就业中，数学素养对于工作韧性的建立是非常有利的，它也可以培养学生的可持续发展能力。由于教师很难在有效时间内将全部适用于未来发展的知识与方法传授给学生，所以为解决好上述问题，老师有必要在高等数学教学中渗透数学思维方法，使学生掌握大量策略方法和数学思想，有助于提高自身素质，让学生获得更广泛的知识，最终通过数

学思维解决问题。因此，在高等数学教学过程中，运用数学思维方法有利于培养学生的可持续发展能力。

二、有效渗透和培养数学思想和方法

构建数学思想体。为实现深入"渗透"，首先应形成一定体系。数学思想形成一定体系化后，能够使思想循序渐进地推进。作为最基础环节教师要能够通过教材知识，使学生掌握数学思想及相关概念。逐渐渗透"数学思维方法可以帮助学生理解和构建知识系统，使学到的知识不再是零散的"。当系统逐渐完备后，可以提高学生的数学思维能力，最终提高学习效果。数学知识是数学和方法的载体，也是数学的本质，它可以支持知识的发展。在定理、概念和性质的教学中，教师应该继续渗透相关的数学思维方法，这也是指导学生参与结论探索、推导和发现的过程。

与实际问题相结合。想要将数学思想方法真正落实到实践中，应当将数学建模思想作为其纽带，将思想方法与实际问题进行联系。教师可以利用实际问题、现实问题、数学建模等多种形式，展现出数学建模的本质思想，并且与学生所提出的实际问题进行联系。例如，针对北方双层玻璃问题，教师可以对学生进行有效引导，创建间层空气、创建玻璃，热量散失区间等数字模型，并且根据模型总结假设因素、变量、常量、数字符号之间的联系，随后与单层玻璃热量流失情况进行实际比对，帮助学生理解生活与数学知识的关系，让学生正确运用数学概念处理实际问题，最终提高学生解决实际问题的能力，也为他们未来学习数学提供动力。

将数学思维渗透到新知识中。在运用数学思想方法的过程中，离不开新知识的教学。比如在学习极限过程中，首先教师可以为学生介绍知识相关背景，随后利用实际案例对极限进行讲解，再讲解定积分、导数等定义，最后运用数学思想将处理极限问题的方法展现出来，将知识逐步渗透给学生。

在小结中提炼思想方法。数学思想是学生形成一定数学认知的基本途径，同时也是学生将数学知识转换为数学能力的重要纽带。在高等数学中相同的内容可能包含多种思维方法，运用思想提炼等方法能够帮助学生有效地找到学习知识的"捷径"。通过这种方法，我们可以有效地避免过度追求数学思维方法教学的问题，也可以促使学生对知识的理解有一个质的飞跃。同时，我们还要注重学习，着力突破学习中的困难和关键问题，并运用数学思维方法来处理这些问题。重复运用数学思想与方法对问题进行解决，最终实现对数学知识的加深和巩固。

综上所述，在高等数学教学过程中，教师应该运用数学思维方法来提炼具体知识并整合规划。在此过程中需要教师以标准的、有计划的、有针对性的数学思维方法进行深入"渗透"。另外，教师还应根据课程内容设计类别和特点，以实现数学思想的有效应用，避免教学流于形式。另外关于高数相关概念的学习，教师也应该运用数学思维方法，打破概念学习的抽象性，便于学生更有效地掌握概念内涵；遇到公式证明或者讲解定义时，老师可引导学生运用相关数学思想进行关联与思考，如发散思维、微积分思想等。需要注意的是将数学思维方法应用于高等数学教学中是一项长远细致的工作，并非一蹴而就，因此高数教师对于数学思想的渗透研究应该更加重视。

第四节　文科生在高等数学教学中的兴趣培养

大学文科高等数学教学面临的最大问题是学生的基础薄弱，数学思维与逻辑性偏差而造成的兴趣缺失。培养文科生对高等教学的兴趣是让文科生学好高等数学的前提和关键，但兴趣培养是一项针对性非常强的系统工作，必须在教学观念、教学方式、教学内容上精心安排与设计创新，同时注重与学生课后实时互动，从而增强文科生学好高等数学的信心。

文科生学数学一直是教育界的老大难问题，但数学作为学生小学到高中的必修学科，其培养学生数学逻辑思维与思辨能力的重要作用是不可替代的，高等教育虽然已进行学科分类，但仍有不少文科生需要学习高等数学，这也是打造高素质人才的应有之义。文科生学习高等数学最大的难题并不在于学习内容难易程度本身，而是在于文科生本身数学基础较理科生相对薄弱，对相对枯燥乏味的数学逻辑与公式有畏惧与抵触情绪。因此，对于高等数学教师来说，培养文科生对高等数学的兴趣成为文科生能否学好这门看似不属于自己擅长学科的关键所在。

高等数学的抽象性与复杂性是不少文科生进入高校接触这门学科后认为比高中数学难上加难的第一印象。诚然，在不否认这一客观事实的情况下，文科生想要在千军万马独木桥的高考中脱颖而出，也必须在自认为比初中数学更难的高中数学上取得优异的成绩，高中文理分班分类参加高考的现实背景下，从教学者角度来看，高中文科数学与理科数学的难易程度比其实并不高，但对于学生来说退一步可能就海阔天空，容易一些也比难一些强。从这个心理逻辑出发，可以发现文科生学习高等数学在兴趣问题上存在下面几个问题。

首先，高中学习模式的思维定式无法轻易打破，让文科生面对高等数学时望而却步，提不起兴趣。从普遍性角度看，一般高中分文理科时，选择文科的往往是数学成绩相对不理想的学生，也就是说，分科已经让选择文科的学生在心理上认可自身在数学学习能力上的薄弱程度。这一思维定式一直保持到高考结束后，甚至不少文科生并不知道进入大学后仍然需要学习数学，加上高等二字，更是雪上加霜。从考核标准来讲，高等数学考试以 60 分为及格线，远不及高考对高中数学 150 分设置的考核值高，不少文科生便抱着既然不感兴趣就应付及格的态度参与学习，自然学习效率提升不起来。从教学内容本身来讲，由高中常量到高等数学变量的转化，涉及思维方式的升级转化，对于文科生来讲，本就薄弱的数学思维逻辑更加难以转化、难以适应，更别说灵活运用或举一反三，不能形成较完整的知识体系，不少学生便采用死记硬背公式等文科式学习方法。另一方面，数学思维逻辑与现实运用关联对于文科生来说是割裂开的，也就是说文科生难以将数学学习与学习目的性和实效性有机关联起来，便产生了数学无用论等消极态度与说法，也就更难产生学习兴趣，甚至产生厌学情绪。

其次，从教师角度来看，缺乏耐心与方法的任务式教学让本来就提不起兴趣的文科生无法配合。一方面，就目前高校教师招聘门槛要求来看，高等数学教师教学水平和经验不可谓不足，但对基础较差的学生的耐心和方法不足。另一方面，想要教好文科高等数学的教师也存在不少对文科生水平、能力、基础把握不准的现象，难以照单抓药、药到病除，在教学方法选择上习惯性认为经验至上，不愿意为文科生做根本性改变，简单地认为面对文科生多讲点、讲细点即可，填鸭式教学并没有顾及文科生的食量与胃口，到最后还是让学生闻不到"香"。再者，不少高等数学教师自身从事理科行业已久，不能清晰地对比文科生与理科生的差异，如果一门心思做学问，两耳不闻窗外事，不能把握数学学科与人文学科的关联性，也就无法掌握文科生的关注点或兴趣点，无法从内心唤起文科生对数学运用的积极性与主动性。在授课方式上，不少研究表明，许多教师包括高等数学教师的授课方式会不自觉地模仿自己在学习本专业过程中授课教师的模式，不少教师很难做到分类指导、因材施教，无形中将自己的固有模式强加给文科生，也就增加了文科生的学习负担，降低了他们的自信心，失去了学习高等数学的兴趣。同时，也有不少教师认为，文科高等数学并不是文科生的专业核心课程，教授得好不好，学生学得好不好、有没有兴趣，根本无足轻重，甚至有的学院自上而下不重视高等数学教学，文科高等数学与教师科研成绩基本很少挂钩，也不影响什么，最终一团和气，学生便更加没有了学习必要性的认识，学习也就没了兴趣。

从教育管理与专业学科设置目的来看，要求文科生学习高等数学是综合性高素质人才培养的应有之义。教育普遍化的当下，教育不再是一项简单的任务或责任，而是教育者与参与者共同的社会义务，对教育者而言培养自己专业方向的实用人才是必要的，培养综合性专业人才更是大势所趋；对学生而言，接受普遍教育，学习不同学科增长的不仅仅是知识本身，更多的是在学习中成长，将学习养成自己的习惯，用丰富的知识体系实现自身社会价值。因此，培养文科生学习高等数学的兴趣恰恰是每一名高等数学教师创新教学观念、方式和内容的第一阵地。

首先，创新教学观念，成为文科生高等数学学习的协助者和促进者。这要求高等数学教师在面对文科生教学时要改变以往的观念，不能将自己简单地定位为高等数学知识的掌握者和传播者，而应该是培养学生高等数学思维方式、思辨能力的引导者。教师不仅需要让文科生弄懂知识，知其然也要知其所以然，授人以鱼不如授人以渔，必须注重培养学生的观察、归纳、演绎、推理能力，在提升能力的基础上不断挖掘学生兴趣，在善于思考的环境下给予文科生更多的自主空间，去消化吸收，领悟数学的"灵魂"所在，变教师主动灌输为学生主动学习，提升学生数学素质的同时，夯实学生的整体素质基础。这也要求教师加强自我要求，在自我素质不断提升的前提下，将自己的教学观念融入具体的教学实践中去，让学生感悟到数学的魅力。

其次，要因材施教，有针对性地创新教学手段，让文科生在高等数学教学中品味学习的甜蜜。在高等数学课堂教学中，教师要引导学生主动参与，设计带有启发性、探索性和开放性的问题，调动他们学习思考的主动性和积极性。引导学生运用试验、观察、分析、综合、归纳、类比、猜想等方法去研究探索，在讨论交流和研究中去发现新问题、新知识、新方法，逐步找到解决问题的思路。解决一个个开放性问题，实质上就是一次次的创新演练。要注意培养学生的发散思维能力，激发学生学习数学的好奇心和求知欲，通过独立思考，不断追求新知、发现、提出、分析并创造性地解决问题，在课堂上，要打破以问题为起点，以结论为终点，即"问题—解答—结论"的封闭式过程，要构建"问题—探究—解答—结论—问题—探究……"的开放式过程。在解题教学中，教给学生学习方法和解题方法同时，还要进行有意识的强化训练：自学例题、图解分析、推理方法、理解数学符号、温故知新、归类鉴别等，于过程中形成创新技能。课堂的提问、课后作业的编制应该重视推出开放性问题，只有这样，才能结合文科生特点，培养学生的创新精神和创新能力，从而提升学习兴趣。同时，信息化引领科技时代，教学手段必须结合时代特点进行变革，在教学过程中教师要掌握并灵活充分运用多媒体技术，优化教学过程的同时，也能提升学习质量，让静态的知识动起来，让抽象的知识具体化，让枯燥的知识趣味化，让复杂的知识细致清晰化。但是也要注意，对于大学文科高等数学而言，并不是所有的内容都适合运用多媒体进行演示。比如，一些例题的演算，如果只是把解题过程直接搬运到投影上，实质上也就是省去了教师板书的环节，只会让学生觉得把书本上的文字内容放到了投影上，并不明白其中抽象与具体的推理和计算过程，这样的无疑是无用的，相反，用板书的同时和学生进行精细化互动，启发学生的逻辑思维，可以大大提升学生的参与度与自我认可，比一味地为了用多媒体而创新效果好多了。

最后，精选教学内容，在广泛应用中让文科生自我感悟数学魅力。文科生的人文互动性较强，教学本身就是一种教与学的双向互动，大学文科高等数学应针对文科生的专业实际，采用其习惯的如调查研究、问答思考模式，为文科生找到学习高等数学的目的和初衷。比如高等数学中有许多文科生比较感兴趣的，能够运用到实际生活中的一元微积分、部分线性代数微分方程和概率统计等，通过教学可以让文科生习惯地从学习中立即明白，我学了之后马上能做什么，才能提升效率。这就要求教师在教学方式上多采用应用推理，理论结合实际，多选取生活中、历史上数学运用经典案例，少一些公式解读、枯燥罗列计算，通过效果来让文科生明白数学在社会历史发展中的重要性与必要性，少一些空洞解释和赘述，让学生自己解读感悟。同时，可以利用成功的数学模型，让学生能够立即明白学好数学今后能为自己带来什么。对教师自身而言，教学内容是什么，也就是能教出、教会学生什么往往是由其自身的知识储备、能力创新、丰富的教学经验和教学技巧决定的。因此，大学文科高等数学教师还应该不断地加强学习、研究新问题，提高学术理论和水平，才能不断将传道授业解惑推向新的顶点。另一方面，高素质教师培养高素质学生、兴趣教师培养兴趣学生，培养文科生对高等数学的兴趣，教师必须不断挖掘学科内涵，将教学事业上升为兴趣和爱好，并通过自身的感染力让学生体会学好一门学科的重要性。

第五节 高等数学教学强化学生数学 应用能力培养

在高等教育中，高等数学是一门极其重要的基础性学科。在高等数学的教学和学习过程中，一方面要注重学生逻辑思维能力的锻炼，另一方面也要注重学生数学应用能力的培养，真正实现学生的学以致用。本节首先对大部分高校中高等数学教学过程中学生数学应用能力培养的现状进行了梳理，然后对造成这样现状的原因进行了探析，在此基础上，从高等数学的教学方法、教学内容等方面论述了如何强化学生数学应用能力的培养。

当前，我们正处于信息技术科技高速发展的时代，信息技术的发展给我们的生活带来了很大的影响，为我们提供了诸多便利。而科技的发展，离不开数学知识的运用。当前，高等数学是众多高校的基础性必修课程。任何学科教学的目的，都在于应用与问题的解决，高等数学也是如此。高等数学教学的关键就是提高学生灵活运用数学的能力，并且在现实生活中灵活利用数学来解决问题。但当前，高等数学教学中学生应用能力的培养并没有引起重视，采用的还是传统的教学方式，并没有真正理解知识传授与应用能力培养之间的关系，而这恰恰是本节需要探讨的重点。

一、高校培养学生数学应用能力的现状

国内高校的扩张政策给予了更多学生接受高等教育的机会。高等数学作为一门基础必修性学科，其典型的特点是严谨、科学、精准，所以在实际的教学过程中，教师的教学也遵循了它本身的特点，而且重点是理论知识的教授与数学问题的解答技巧和方法。这种方法本身没有错误，但并不适合所有的学生，因为有的学生本身数学逻辑思维能力较差、数学基础不牢固，单纯地教授理论知识并不能

促进学生的理解与吸收，数学知识与实践应用的结合更无从谈起。这种情况下，学生学习高等数学的重要目标好像是顺利通过考试、不挂科，被动性地背题、练习，主动学习意识较差，无法真正享受数学学习带来的乐趣，但是并不利于自身逻辑思维能力和数学应用能力的锻炼，长此以往，不利于自身的发展。

二、高校培养学生数学应用能力较差的原因分析

教学内容有待丰富。任何老师的教学、学生的学习都离不开教材。当前，高校应用的数学教材本身就侧重于理论知识的严谨的推理过程，理论性比较强，这使得老师教起来与实践结合有限，学生学起来觉得高等数学真的是"高大上"，只知其然不知其所以然，久而久之降低了学生学习的积极性。

教学方式有待更新。考试成绩是当前高校普遍采取的一种检验学生学习效果的主要途径。在高校中，不挂科、顺利通过考试就成为终极目标，应付考试成了学生的常态。在这种学习氛围下，能独立学习、认真探究数学奥秘的学生少之又少。考试固然重要，但是教师也要注重教学过程，在教学过程中革新传统的填鸭式教学方法，这样使学生不仅高分，还可以高能。

学生应用能力锻炼意识较为缺乏。在数学的学习中，问题解决的主要方法是数学建模，对教师而言，数学建模可以更加直观地讲解，对于学生而言，可以帮助他们更加全面、深入地了解某项数学知识。可以说，数学建模真正的是用数学的思维去解决问题。但当前，许多学生并没有养成这种通过数学模型的建立来解决问题的意识，主动探究性较弱，应用能力锻炼意识较为缺乏。

三、高等数学教学中培养学生数学应用能力的方法

丰富教学内容。高等数学的特点是知识点较多、逻辑推理较为复杂、抽象，许多学生一谈高数就会为之色变。当前高等数学教材并没有特别针对不同的专业设定不同的教材，专业知识和高等数学的教材内容衔接得并不是很紧密，更没有进行专业能力的锻炼，所以高等数学学起来才那么晦涩难懂。所以，如果要真正地锻炼学生的数学应用能力，首先要对教学内容进行完善，使其与专业的衔接更加紧密。举例来说，如果给医学专业的学生上高等数学，影子长度的变化可以利

用高等数学中的极限知识点来解答，影像中的切线和边界可以利用导数的知识点来解决，影像的面积与体积也可以利用积分的知识来求解，这样，专业知识和高等数学的教材内容相互衔接，既可以提高学生的学习兴趣和热情，又能够锻炼学生的实际应用能力。

丰富教学方式方法。第一，优化教学导入环节的设计。良好的课堂导入可以快速吸引学生的眼球、激发学生的学习兴趣，促进学生自主思考，然后带着问题去学习。所以，教师有必要优化教学设计，在导入环节应该立足于具有实际应用背景的问题，将抽象、难懂的数学问题与实际生活中的问题相结合，这样既能增加数学的学习趣味性，又能够增强学生的应用意识，使其感受到数学知识的应用其实是非常广泛的。比如，当学习积分知识点的时候，可以以天舟一号的发射成功为背景，天舟一号发射的初速度如何用积分来计算和设计。这样，在学习的过程中，还能增强学生的爱国意识和主人翁意识，每个学生都像科研工作者一样解决每一个问题。

合理采用现代化的教学手段。当前，多媒体教学方式在高校中的应用越来越广泛，多媒体教学方式的确给我们带来了许多的便利，但我们也不能否认传统板书长久以来的重要地位，所以，可以考虑将二者有效结合，现在，有些教授因为超级优秀的板书被学生推崇。除此之外，网络教学方式可以根据实际需要合理地引入，微课、反转课堂等都是比较好的教学平台或者上课方式。以微课为例，当前很多多媒体平台中的老师都是用的这种方式，此方式简洁、高效、有趣，老师用比较灵活、易懂的方式和例子将一个个知识点进行总结概括，并整理成图片或短视频的形式进行播放，在短时间内能够吸引学生的注意力，令学生有耳目一新的感觉。当前，许多自媒体比如抖音、微视等都属于微课的方式，越来越多的老师还有效用到了网络直播的方式，在与学生互动的过程中还让学生家长参与学习过程，使得学生可以充分地利用自己的时间进行学习，效果特别好。以翻转课堂为例，相比传统的老师讲学生听的方式，这种方式可以充分给予学生参与课堂教学的机会，学生是教学的设计者，而不仅仅是参与者。总之，合理采用现代化的教学手段，充分激发学生的学习热情，在此过程中培养学生的实际应用能力。

将数学文化和建模思想融入课堂教学中。当前高校的学生大多都是00后，这个时代的学生最典型的特征是很有自己的想法，因此，兴趣对他们而言很重要，一味地填鸭式教学并不适合他们，他们有更强烈的探究欲望。所以，在课堂中，可以将数学文化、发展历史和建模思想融入其中，数学是怎么产生的？它的发展历史如何？有哪些特别有趣的数学家的故事？数学到底有哪些方面的应用？我们实际生活中哪些地方用到了数学等等。这些都可以调动学生学习数学的兴趣。比如，极限这个问题，单纯讲很难懂，但是可以先讲一些故事，比如说刘徽的割圆术的故事，或者众所周知的龟兔赛跑等故事。讲解级数的时候，农夫分牛的故事就是很好的例子。数学建模则是将所遇到的问题转化成数学符号来解决，比如讲零点定理的时候设置椅子是如何放平的问题等等。

　　本节主要从丰富高等数学教学内容、教学方式以及在教学过程中加入数学文化以及数学建模等方式来弥补当前高校高等数学教学中存在的不足，不断激发学生的学习兴趣，真正培养学生的数学应用能力，真正实现高等数学的教学目标。

第六章 高等数学课堂教学研究

第一节 高等数学课堂教学问题的设计

高等数学的学习在高校所有课程中占据主要地位，而高数也几乎已经成为高校所有专业的必修课。高等数学的学习是对中学数学的延伸，也能为学生今后的学习打下基础。高等数学的学习不同于其他课程，是需要学生动脑筋进行思考的，高数是在中学数学的基础上增加了几倍难度的一门课程，对于大部分已经抛开高中数学课本的学生来说，高数的学习简直就是最难的一门课。但是如果教师在课堂中运用多元化的问题设计方式，就能够引导学生从正面或者是运用逆向思维解决问题。

许多学生都认为高数的学习是非常难的，只有在中学数学基础好的学生才有可能做到与高数学习的有效衔接。而高数这门课程对学习能够有效地培养学生的数学素养，所以在当前高数教学的过程中，需要更加关注学生主体地位的重要性，运用现代化的教学手段和创新性的教学内容，让学生在高数学习的过程中理解数学精神，培养数学思维。

铺垫式问题的设计：无论是哪一阶段的教学中，先给问题做铺垫然后最后提出来的这种方法都非常常用，即在新知讲授之前，先利用学生以前学过的旧知识进行关联性提问。这种方法同样也能够调动学生的元认知策略，让学生在已有的知识经验中构建新知。比如在学习积分的换元积分法时，就可以向学生提问不定积分的换元积分法公式，给学生抛出一个疑问，引导学生进行自主思考，最后就可以得到定积分的换元积分法公式。通过这样铺垫式问题的提问，可以让学生更加清晰地根据树形结合的思想，提高自己的数学逻辑思维，同时也有利于对学生的思维进行发散，让学生做到通过一个细小的数学问题就能够联想到其他方面。

迁移性问题设计：数学知识从来都不是毫无联系的，每一个小数学知识之间都有着千丝万缕的联系，在形式和内容上也会有相似之处。对于这种情况，教师就可以在学生原有的知识结构基础上，通过针对性问题的设计，能够让学生将已经掌握的知识运用到新知识的结构当中。比如在讲"点的轨迹方程"概念时，就可以先向学生提问平面曲线方程的概念，之后就可以从二维空间向量向三维空间向量推广，在此过程中就可以接着讲解曲面和曲线工程的定义。这样的知识迁移性内容会使学生更容易接受，他们学习起来也会更加简单。

矛盾问题的设计：这种问题设计方式是让学生从一个知识理论相悖的问题中，产生疑问和矛盾，让学生将问题提出来。之后，再鼓励学生进行积极探索，使学生产生强烈的探索欲望和动机，也能够深化学生的理性思维。

趣味性问题的设计：现代的数学课堂要摒弃传统的枯燥单一的教学模式，也不能仅仅只教授学生理论知识，让学生在冰冷的数字和难懂的理论中度过一节高数课。要让学生有意识地提出自己的问题，从而进行积极的思考。

辐射性问题的设计：对于这种辐射性问题，主要提问方式就是以某一知识点为中心，向四周进行问题发散形成一个辐射性的知识网络，引导学生从多角度和多层面进行思考，纵横联想自己所学到的知识解决问题。但是运用这种问题设计需要注意的是，这种问题的难度较大，就是在提问时必须要考虑到学生的实际情况和接受能力。由此，可以结合使用启发式的教学方法，对学生进行引导和提示。

反向式问题的设计：在数学中最重要的一项数学思维，就是逆向思维。而通过这种思维方式衍生出来的问题设计，就被称为是反向式问题的设计，即通过逆向思维把原命题作为逆命题进行转化。比如在这个问题中，就可以运用到反向式问题的设计："一圆柱面可被视为已平行于 z 轴的直线沿着 xoy 平面上的圆 C：$x^2+y^2=a^2$ 平动而成的图形，试求该圆柱面的方程。"对这道题进行分析，就是要在圆柱的面上取一个点 P，但是无论这个 P 在什么位置，或者说它的位置是随意变动的，但是它的坐标都满足方程 $x^2+y^2=a^2$。同样，相反地，满足方程的点同样也都会在圆柱的面上。这样的问题设计能够让学生从正反两个方向思考，同时也可以在一定程度上简化曲线方程的难度。

阶梯式问题的设计：这样的问题设计方式主要是指教师要运用学生的已知知识，进行阶梯式的知识构建，引导学生的数学认知心理纵向发展。这种问题提问方式是由难度逐渐增加的问题构成的一个组合性问题。通过这样从特殊到一般提出问题，一步引导学生思考问题，最终解决问题。

变题式问题的设计：将原有的问题进行改造，可以变化其中的固定数字或者是直接改变问题，让这种变式的思维渗透到题目中去，可以打破学生固有的思维模式，从而转变思考的方向，培养学生的创新思维能力。

总之，在高等数学课堂中可以运用多种多样的问题设计方式，教师不能再像以前的教学方式不一样问学生"对不对"或者是"是不是"，而是应该多层次、多方位、多角度地提出问题，激发学生的求知欲、竞争欲，进而提高分析、综合、逻辑推理的思维能力。

第二节　高等数学互动式课堂教学实践

事实上，课堂教学本身就是师生以及学生间进行交流互动的一个重要平台，是进行沟通交流以及双边互动的实践活动，并且具有互动开放以及双向的特征。在开展课堂教学期间，师生与学生间的互动双向教学的高效开展，可以对师生具有的内在特性加以展示以及培养，同时对教学活动整体加以推动。对于数学学科而言，问题就是其外在代言，同时也是数学教师开展教学的重要理念，更是教学对策的一个重要载体。通过问题教学，能够形成师生互动及生生互动这种教学模式，促进教学质量的整体提升。

一、互动式课堂教学具有的特征

交互性实际上，互动就是一种交互的作用以及影响。在互动当中，双方能够对对方行为做出相应反应。对于师生互动而言，其并非是线性、单向的影响，而是师生进行交互以及双向的影响。一般来说，情境可以对师生互动造成一定制约，数学教师可以对学生展开评价，对其认知以及情绪进行影响，而学生则可以通过心理体验和心理状态对教师产生反作用，进而实现相互感染，共同推动数学课堂发展。而且，师生交互影响以及作用不是间断性或者一次性的，而是循环的并且呈现出链状的连续过程。

开放性一般来说，课堂教学都是通过师生沟通以及交往展开的。在一些特定场所，学生有可能会产生一些特定想法，而这些想法并不在教师制订的计划中。在实施预设目标期间，教师需开放地纳入一些教学经验。在互动式的课堂中，教师要敢于即兴创造，对预定目标进行超越。之所以说互动教学具有开放性，是因为师生互动以及生生互动期间，大家思维都处于活跃状态，谁也无法预料问题以及结果，这样使得教学永远无法变成一种艺术，其中充满着未知。

动态生成性教学期间，师生互动能够促进学生发展以及成长。师生互动有着动态生成的特点。课堂之上，互动内容以及互动形式都是根据学生特点、参与形式以及参与数量而转移的。而课上学生是否喜欢和教师进行互动，如何展开互动，很多时候教师是无法预料的。师生进行互动，是师生双方进行相互界定以及相互交流的一个过程。在课上互动期间，需按照所学内容以及主体对互动内容以及互动方式进行变换，这样才能达到互动的最佳形式，实现知识的动态生成。

反思性学生的学习其实就是主动构建的过程。学生并非被动地接受外在信息，而是按照自身已有知识结构，对外在信息主动进行选择以及加工。这就需要学生在学习期间随时对自己的学习过程加以反思，及时找出自己的不足，并且加以弥补。同时，在教学期间，教师要充分结合学生在互动期间的情况及时进行反思，对自身行为进行及时调整，进而为学生创设出更好的学习情境，实现和学生的高效互动。

二、高等数学互动课堂的教学实践形式分析

对于数学教学来说，教师普遍采用的是一种问题教学的形式，在课堂导入之时通过问题设置来激发学生的探究欲望和兴趣，进而提升学生在课上的学习效率。因此，在实施高等数学互动式课堂教学期间，教师除了课上教学与学生展开互动之外，在教学评价以及教学反思方面也要与学生展开互动，这样能够全面并且多维度地开展互动式的课堂教学。在数学课上展开师生互动以及生生互动，并且通过互动对教材内容加以探索，进而完成教学预定任务。

对教学环节进行巧妙设计，奠定互动基础，教师在开展互动式课堂教学之时，可以从对问题条件具有的内涵进行感知之时开始。对问题具有的条件内容进行感知，乃是解答问题这一活动的起始环节，也是问题教学获取成效的一个关键环节。在基础性的数学教学期间，教师通过对问题条件进行感知这一活动，凸显双边互

动这一特性。在传统数学教学活动中，常把"教"和"学"进行孤立，通过教师直接进行知识灌输开展教学，这样就常把学生置于非常被动的位置。所以，新时期教师必须摒弃以往的教学方式，结合教材中的内容开展教学，引导学生分析出问题当中包含的关键信息，掌握其中的知识点以及数量关系，进而为解题思路的探寻奠定基础。

如数学教师在教学微积分这一内容时，可以先介绍相关科学家以及微积分的发展历史。例如：提到积分，可以介绍我国历史上有名的数学家祖暅，他通过出入相补这一原理，推导出球体公式，这就是一种积分思想；提到微分，教师可以从物理学中的匀速运动导入，通过介绍微分发展简史来引起学生的兴趣。利用数学史和学生展开教学互动，打造数学课堂上的活跃气氛，为学生对这部分内容的深入学习奠定基础。

开展多维教学互动，对互动品质加以提升，教学期间，师生可以进行全方位、多角度以及多维的互动。

（1）教师可以把课堂的主动权交还给学生，让学生在课上变成主人，主动参与到课上的互动之中。

（2）教师可以充分利用现有教学资源，如多媒体，可以借助视频及图片等，与学生展开互动。

（3）教师可以借助微课开展教学。事先将预习任务布置下去，将微视频的网址告知学生，让学生在课前对基础知识进行学习，之后在课上对重点进行讨论。尤其是对高等数学的教学，需要教师充分利用微课这种教学形式，让学生对新知识进行有效预习。

（4）教师要将课上的互动朝着学生的其他学习时间进行拓展，这样可以提升学生的互动品质，让其参与意识、主动意识以及数学意识得以提升。

如在针对"空间解析几何"这一内容进行讲解时，对于特殊的曲面，如锥面、柱面等，学生单纯进行图形想象，很难掌握相关知识。在课上互动期间，教师应采用多维互动这一模式，对多媒体加以利用，将动态图形具体变换进行展示，让学生直观感受这些内容，对曲面图形进行领悟。借助多维互动这种模式，学生可对知识产生直观了解，对数学知识形成一种牢固印象，进而对互动品质加以提升。

及时开展教学评价，对互动智慧进行强化，师生在进行互动过程中，教师可以对互动节奏进行控制，并且在互动期间需及时对互动活动进行评价，进而让学生及时以及恰当地对互动期间的优点及缺点有所感悟，使优点得以发扬，对缺点加以改正。同时，教师及时对师生互动展开教学评价，这样能对教学质量加以提升。此外，大学生也可以对教学以及自身学习进行评价，这样能够在教学评价方面实现师生互动，促进师生交流，让师生双方相互更加了解，并在实践中对经验智慧加以汲取，让互动变得更有效果。

如在教学复变函数之后，数学教师可以专门开设一节复习课，用 PPT 的形式和学生一同对所学内容进行回忆，其中包含学习期间学生同教师进行争论的问题，重点内容、易错点以及难点内容，除了可以唤起学生对知识的记忆之外，还能帮助学生对这部分内容进行强化。

在数学课上，如果教师仅是单纯地把知识装到学生的头脑之中，而不与学生在心灵上接触，不在课上与学生进行互动，那么很难在实践教学期间对互动智慧进行汲取。由此可见，教师只有及时开展教学评价，并且对互动智慧进行强化，才能提升课上的教学质量。

对教学反思进行巩固，对互动生命进行观照。其实，在师生进行互动期间，只有师生不断对教学以及学习进行反思，才可以巩固优点，及时找出漏洞，并加以弥补。在课上互动这一环节之中，学生和教师都有着鲜活的思想，都不是互动教学中的机械零件。因此，数学教师要在日常反思中对互动期间的生命思想进行观照，进而让整个互动过程一直处在一种动态健全当中，让整条互动链条一直保持灵动性。如果教学缺少反思，那么这样的课堂教学必然是失败的。

学生对数学知识进行接受的过程，是不断强化以及循序渐进的一个过程。如果不能在数学课上有效并且及时地进行反思，对自身学习有一个客观评价，那么这样的学习注定是生硬的，更是机械的，而且日后对于这些知识点也很难进行灵活运用。

如在完成常微分中的方程解法的学习之后，数学教师可以对学生阶段性的学习成果进行验收，根据检测结果对学生具体学习情况加以掌握。如果学生在测验中平均成绩较好，说明他们对数列知识掌握情况较好，如果测验的平均成绩较差，则说明学生的课上学习效果不佳，此时教师必须及时与学生展开沟通，及时理解其思想以及心理，这样才能制订接下来的教学计划。通过这种方式，能够让教师以及学生共同进行反思，找出教学以及学习中的薄弱点，进而促进师生对薄弱点及时进行强化。这样一来，数学教师才能对教学效果加以保证，而学生也才能不断提高学习效率。

综上可知，互动式的课堂教学具有互动性、开放性、动态生成性以及反思性等特征，特别是针对数学这一学科来说，开展互动教学非常必要。教师可通过对教学环节进行巧妙设计，奠定互动基础，开展多维教学互动，对互动品质加以提升，及时开展教学评价，强化互动智慧，同时巩固教学反思，观照互动生命，这样才能够打造课堂良好氛围，促进学生对数学内容的理解，进而有效提升数学的教学总体质量。

第三节　高等数学课堂教学质量的提高

教育必须有效促进学生素质全面发展，提高课堂教学质量是实现教育效果的直接手段。高等数学因其内容的抽象，尤其应注意课堂教学质量。为了达到新时期的数学教学目标，本节从学生的学习态度、教师的教学方法、课堂教学手段等方面谈如何提高数学教学质量。

高等数学是一门理论性很强，比较抽象而又枯燥的学科，很难引起学生主动学习的兴趣。如何对教学内容进行灵活处理使学生更容易接受，便成为教师应深入研究的课题。本节从四个方面就如何有效地利用教学手段和方法谈谈自己的看法。

一、明确学好数学的重要性，进一步端正学生学习态度

数学有很强的应用性，是解决现实问题最常用的工具。数学教育不仅要传授基础知识，更重要的是培养学生的数学意识和逻辑思维以及增强学生应用数学知识分析问题、解决问题的能力。教师要在开课之初就应向学生阐明高等数学的重要性，使学生认识到学习数学的必要性，以及学好数学的现实好处。教师还要在平时的课堂教学中多向学生介绍高等数学在各领域中的应用，使学生切实感受到数学的实用性，增强学生的学习动力。

二、加强多媒体教学和板书式教学相结合的教学手段

随着数字化、网络化技术的飞速发展，传统的教学模式受到了严重的冲击和挑战，使多媒体教学的引入成为必然。由于多媒体技术采用文字、声音、色彩、动画、图形等方式传递信息，它可以将枯燥的课堂内容变得直观、生动、形象。比如在极限、定积分等概念的教学中，我们用动画的形式将逐渐逼近的过程生动地呈现出来，使得学生的理解更加直观和深刻。因此，多媒体教学不仅可以丰富学生的感性认识，启发学生的积极思维，还可以激发学生的兴趣，从而提高学生学习的积极性。然而，虽然与传统的板书式教学相比，虽然多媒体教学可以图文并茂、声像结合，使学生的理解更直观，更有助于记忆。但是任何事物都有两面性，多媒体教学也存在着自身的缺点和不足。比如多媒体教学会使课堂教学的节奏不自觉地加快，使学生由主动地学习变成被动地接受，并且在多媒体教学过程中，更容易忽视师生之间的情感交流，也更容易忽视学生的主体地位。因此，只有多媒体教学和传统的板书式教学相结合，才能达到提高高等数学的教学效果的目的。

三、灵活采用多样化的教学方法

传统的教学模式一般是由教师讲授，学生练习为主，这样的教学方法对学生掌握相应的数学知识和技能会起到一定的作用，但是由于机械性的、重复性的工作比较多，长此以往对学生的自主学习和探究问题的能力发展就会有不利影响，因此，在实际的教学过程中就有必要穿插一些实用性的、灵活性的、探索性的数学教学方法。

比如，在教学中可配合运用启发式教学法。在课堂上教师根据教学任务和学习的客观规律，以启发学生的思维为核心，调动学生积极主动的学习意识，培养学生独立思考问题的能力。对于高等数学中比较抽象的概念、定理，教师可以用绘图、对比等直观性教学法，让学生主动思考，独立分析。或者，同一个问题也可从其他角度或利用其他方式进行提问，让学生独立分析和思考，更利于学生对新知识的理解和接受。又或者，还可以在教学中故意给出错误的观点或结论，树

立对立面，让学生对比思考，这样就可以激发学生学习数学的兴趣，达到事半功倍的教学效果。

当然，在教学中也可穿插使用问题式教学法。教师可通过对教学内容的总体认识和把握，巧妙地设置问题，使学生能够在疑问的引导下，主动地探求和思考问题。然后，在学生对所设问题有一定理解的基础上，组织学生进行分组讨论，让学生发表自己的理解和看法，以达到互相启发、共同提高的目的。最后，教师对所设问题总结收尾，充分解疑，并且对难以理解的知识点进行重点讲解，使学生所学知识能够系统掌握。因此，问题式教学法不仅改变了教师以讲为主的格局，调动了学生学习的积极性和主动性，并且在教学的过程中使学生的自学能力和探索精神也得到了锻炼和提升，达到了较好的教学效果。

四、精选课堂练习，提高课堂效率

长期的教学经验告诉我们，盲目而过多的练习是不科学的，它不仅不能达到预期的教学效果，反而会使学生感到厌烦，导致学生的思维变得呆滞，使他们在学习上滋生抵触情绪。因此，教师在教学中要以教学目的和教学要求为基准，精心挑选易理解且具代表性的例题，避免反复讲解同一类例题浪费宝贵的课堂时间，从而提高课堂效率。另外，教师还要根据学生的实际情况，为学生挑选一定量的具有代表性的习题，这样不仅避免了题海战术为学生节约了一定的时间，而且能够达到巩固所学知识的目的，甚至能够使学生在高效的学习中培养学习数学的兴趣。

总之，提高高等数学的教学质量是教师的长期任务，教师的教学方法不能"以不变应万变"，要不断探索适应变化的教学模式，总结经验和教训，真正提高高等数学的教学质量。

第四节　高等数学课堂的几种教学模式

高等数学是高等教育中理工科专业学生必修的一门公共基础课，它是学生学习各门专业课的基础。但是，高等数学内容的抽象性和枯燥性让很多学生望而却步，缺乏学好高等数学的信心，如果老师的授课方式再是单一的，那么这门课程的教学效果必然会很差。因此，高等数学课堂教学模式的改革显得尤为重要。本节将对几种教学模式进行探讨，分析出各个教学模式的特点，为打造丰富多彩的高等数学教学模式抛砖引玉。

高等数学对于高校理工科学生的重要性显而易见，但是在通畅的网络和新媒体的影响下，单调的理论知识对学生的吸引力显得不堪一击，因此，传统的讲授式课堂，极易使学生出现厌学情绪。从而，为了激发学生的学习兴趣，探究多样化的高等数学教学模式势在必行。下面分析几种效果较好的教学模式特点，为灵活选用教法打下基础。

一、分组教学模式

对于班级规模大的班级，适宜用分组教学模式。首先对班级学生做一个简单的测验，掌握每位学生的学习基础，然后按照"强弱搭配"的原则，把学生分成6~8个小组，在教学中，让学生分组讨论并回答老师所提问题，然后选取学生进行解答，如果该生不能回答出来，则要求小组成员一起讨论然后解答。教师根据每个小组的表现进行加分鼓励。小组的各项任务，由组长负责管理。小组中一人表现好，集体加分，一人表现不好，集体扣分，从而使得整个小组学生互相监督。采用分组教学法，由于每位同学的集体荣誉感，更能够调动他们为小组争光的心理，积极与小组成员配合，完成老师分配的任务，既方便老师对学生进行管理，又提高了学生参与课堂的主动性。

二、分层次教学模式

分层次教学是针对学生的学习基础，对学生进行分层次，然后进行有差异的教学内容和教学方式。分层不是局限于一个班级，可以按照一个专业、一个系的所有学生进行，在开课前对学生进行数学基础测验，把学生分成三个层次：冲锋层、基础层、薄弱层。冲锋层的学生数学基本功扎实，教学中引导他们解决复杂问题，注重知识的灵活运用。基础层的学生能够理解基础知识，教学中注重基础知识的应用。薄弱层的同学学习能力比较差，理解基础知识困难，教学中应对他们细致讲解基础知识，帮助他们掌握数学基本内容。比如在导数概念教学中，高层次的同学可以加强导数概念的理解和利用导数解决实际问题的能力培养，中间层次的同学可根据导数公式，解决导数在几何中的应用问题，基础差的学生可以记住一些求导公式，然后对简单函数进行求导。学生分层、教学内容分层、测验分层，让每一位学生都能掌握自己能力范围内的知识，尊重学生的个人意愿，更有效的提升教学效果。分层教学模式实施起来的难点是需要协调各方关系对学生分层，操作起来困难较大。

三、翻转课堂教学模式

翻转课堂式教学模式，是指学生在课前自主完成知识的学习，而课堂变成了老师学生之间、学生与学生之间互动的场所，包括答疑解惑、知识的运用等，从而达到更好的教育效果，主要是利用视频进行教学。教师可以选择较好的网络资源或自己课前录制一个教学视频，先让学生在课余学习。比如在讲定积分的概念时，可以准备一个教学视频，介绍定积分的产生背景，从而了解定积分的概念和性质。在课堂上，通过师生交流、答疑解惑和运用知识，让学生对教学内容有更加深入的认识，从而调动学生更高的学习兴趣。另外，可以选取典型例题录制成微课，让学生在课下完成解答。上课时老师考查学生的学习情况，然后对存在问题进行讲解，剩余时间可以进行小组比赛。实行翻转课堂教学，教师是学习的引导者，学生是学习的主动者，为培养学生的勤于思考的好习惯创造条件。

四、对分课堂的教学模式

对分课堂是 2014 年复旦大学的张学新教授结合讲授式和讨论式教学模式，提出的一种新的教学模式，即把一半课堂时间分配给教师讲授，另外一半分配给学生讨论，师生进行"对分"课堂，更为重要的特点是采用"隔堂讨论"，即本堂课讨论上堂课讲授的内容。一般可以这样进行：第一步是传统的授课阶段，因为高等数学抽象性强，学生独自理解起来相对困难，因此教师应先讲授教学内容的重点和难点；第二步是学生吸收阶段，让学生在课后对基本内容进行归纳总结，找到自己的薄弱点；最后一步是课堂讨论，通过学生的消化吸收，完成了对教材内容的理解，在讨论中巩固对所学内容的理解，讨论的形式可以小组讨论、师生讨论。对分课堂中教师只需要讲授主要内容，讲授时间减短，避免了学生注意力集中时间短对教学造成的消极影响，教师更多地对学生的学习给予指导，从学生的讨论和提问中，能够感受学生接受新知识的能力，更方便因材施教，而且调动了学生学习的主动性，通过对同学讨论中存在的问题的解决，提高教学效果。

五、闯关式课堂教学模式

借鉴游戏闯关的思想，产生了闯关式课堂，通过关卡设置、闯关规则、考核机制等的设计开展教学活动。首先教师把教学内容由低级到高级设置层层关卡，根据教学目标制定闯关条件，让学生根据教师讲解的闯关秘籍形式的内容，探究和晋级，失败后重新挑战，直到通过所有关卡，学生在闯关和感受成功中，主动地构建自己的知识体系，从而完成新的课程内容的学习。比如在函数的单调性和极值这节课中，可以设置基础概念提问考查学生的理解能力，设置函数极值的求法，培养学生的计算能力，设置极值的应用问题，培养学生的运用知识解决问题的能力，由简单到复杂，逐级提高。闯关过程持续整个学期，闯过一关后进入下一关的挑战，根据闯关的表现给学生打出平时成绩，督促学生主动分析问题和解决问题，从而提升学习能力。

六、问题驱动教学模式

问题驱动教学模式是以学生为核心，以问题为驱动，紧紧围绕"问题"进行教与学的教学方式。美国的数学家哈尔莫斯曾指出："问题是数学的心脏"。解决问题是驱动学生去学习、探索的外在动力，发现问题、提出问题能激发学生进行自主探索的积极性。操作起来应做到如下方面：首先，构建知识框架，以问题为导向。教师引导学生发现生活中数学应用的案例，以此为问题，将高等数学中的相关知识梳理出来，融入案例中，通过解决案例达到学习数学知识的目的。其次，在讲授理论知识时，要设置好层层递进的问题，逐步引导学生解决问题。比如在讲极限的概念时，让学生先观察一些数列的变化动态，将变化趋势出来总结一下，就得到极限的概念。最后，学习完新的教学内容后，设置由易到难的阶梯式问题，检验学生的学习效果。教师根据教学目标和学生能力，设计由浅入深的各类问题，可以是填空、判断、计算等，尽量细化，查漏补缺，对于回答正确的学生给以加分与表扬，充分让学生体验到学习的乐趣。通过问题驱动教学模式，可以培养学生主动解决问题的能力。

七、开放式课堂模式

开放式课堂教学模式是针对封闭的、僵化的、教条的、缺乏活力的教学模式而提出的，具有丰富内涵。其大致特点如下：（1）时空的辐射性。开放式课堂教学模式以课堂为中心，从时间上说是向前后辐射，从空间上说是向课堂外、家庭、社会辐射，从内容上说是从书本向各科、自然界和操作实践辐射。全过程开放、全方位开放、全时空开放，这是和封闭式教学相比的显著不同点。（2）主体性。开放教学以人为本，强调人的主体作用，特别注重挖掘师生的集体智慧和力量，充分调动其积极性、主动性、自觉性。课堂上学生是学习的主体，问题让他们提，疑点让他们辨，结论让他们得，教师应充分放手激发学生的主动性和创造性。（3）方法的创新性。"没有最好，只有更好"，"一题多解"，问题的答案不是唯一的，不受定势的影响，不受传统的束缚。思考、解决问题要多角度、多因果、多方位，创新形式是开放教学的核心。比如，在讲极限的计算时，鼓励学生用各种方法计算结果。（4）与时俱进性。课堂教学只有与时代事物相结合才能永远具有生机勃勃的活力。教材的改革远远滞后于时代迅猛发展的步伐。因此教师应有意识、有计划地吸收科技发展的前沿成果，让我们的课堂永远跳动着时代的脉搏。

八、融启发式、探究式、讨论式、参与式于一体的课堂模式

《国家中长期教育改革和发展规划纲要（2010-2020 年）》倡导的"启发式、探究式、讨论式、参与式"课堂教学模式，是启发学生的好奇心、发挥学生的学习主动性、培养学生创造性思维、改变灌输式教学的教育方式，对于打造高素质创新型人才具有十分重要的作用。其核心是启发，主要形式是探究和讨论，主要表现是学生成为教学活动的重要参与者。首先，教师根据教学的重难点，有目的、

循序渐进地进行启发式讲授，让学生在思考中掌握书本知识。然后，在启发式授课的引导下，教师应针对学生提出的难点和疑点，为学生准备合适的讨论和探究的题目，让学生进行讨论和探究，解决老师所提的问题。最后，讨论结束后，教师根据课堂的具体情况，引导学生对重要知识做出归纳和总结，从而准确地掌握教学内容。整个过程，学生的参与性时刻被放到首位，才能保证教学效果，教师可根据学生表现进行奖惩，做好监督。

在上课过程中，不论哪一种教学模式，都有自己的优点和缺憾，但是均对传统教学做出了改革。在课堂教学中，根据课程内容，选取合适的教学模式，扬长避短，从而达到理想的教学效果。丰富的教学模式，为学生们喜欢数学、探究数学内容提供更好的教学环境。好的教学模式，不但能让学生学到知识，更重要的是培养学生良好的思维习惯，提升学生的综合素质，为国家培养栋梁之材贡献力量。

第五节　基于雨课堂的高等数学教学实践

本节探讨差异教学在高等数学教学中的应用，提出应用雨课堂实施差异教学理念的方法。总结了大学生数学差异教学模式实施的可行性及初步方法，提出了以知识点资源建设为载体的问题交互模式，以学习路径的方式获得具体数据，为后续用社会网络技术分析学习行为提供必要的数据。

高等数学教学要把理论供给与个人需求、知识传授与情感共鸣、传统优势与信息技术、课堂教学与社会实践相结合，解决好真学真懂真信真用的问题，切实增强大学生对于数学课的获得感。

高等数学教学研究应该重视学生学习的过程，研究数学教育教学的理论与智力来源，重视知识的发生和发展，给学生留有充分的时间与空间。在教学活动的过程中，教师要使学生亲自参与获取知识与技能的全过程，激发数学学习兴趣，培养运用数学的意识与能力。大学的数学教学中，由于生源层次、知识储备等方面的差异，传统"一刀切"统一标准、统一目标的课堂教学弊端日益凸显。

在高等数学的教学中教师能意识到学生个体学习的差异性，但在统一的教学目标、教学内容、教学过程、教学方法、教学组织形式、教学评估等方面并没有设计出满足不同学生的需要、学习风格或兴趣等的方案。

这就要围绕学生、服务学生，聚焦其所思、所想、所盼、所求。坚持一把钥匙开一把锁，使理论供给与个人需求合拍对路。要突破传统的教学模式，探索结合学生自身学习的个性发展方式，是目前提高高等数学教学效率的重要任务。通过本人的教学实践成效和数据表明：改变教学模式，需要兼顾到学生个体学习的差异性，有效照顾到学生之间的差异，设计差异性教学模式，可使学生对学习内容了解的正确率提高一倍，所以开展差异化教学势在必行。

当今时代，互联网突破了课堂、学校和知识的传统边界，以"两微一端"为代表的新媒体对学生的影响越来越大。只有赢得互联网，才能赢得青年；只有过好网络关，才能过好时代关。

综上所述，本节提出了：基于雨课堂的高等数学的教学实践，突破传统教学模式，实现差异性教学的实践与探索。

一、雨课堂在高等数学教学中的优势

雨课堂基于 PPT 和微信（因为老师最常用的软件就是这两个，不需要硬件投入，快捷易上手），针对师生互动不顺畅、数据收集不完整和在线教育不落地等多个问题进行了集中的解决。

雨课堂提供了课前预习＋实时课堂＋课后考卷全程教学活动的数据采集，从经验主义向数据主义转换，以全周期、全程的量化数据辅助老师判断分析学生学习情况，以便调整教学进度和教学节奏，做到教学过程可视可控。在组合使用线下活动、翻转课堂和项目实验中，让师生教学融合更紧密，教学相长。

我校每间教室的电脑设备上都装有雨课堂教学软件，为开展基于雨课堂的教学实践提供了便利条件。

二、高等数学差异教学理念通过雨课堂的实践与探索

（一）差异教学理念概述

差异教学继承了我国"因材施教"的教育思想，但又给予新的发展。孔子当

时提出的因材施教立足于个别教学，现在倡导的差异教学立足于集体教学；因材施教的"材"在孔子心目中主要是指天赋的品德才能，差异教学的差异则主要是指个性差异，是先天因素与后天教育环境的相互作用；由于时代的局限性，因材施教在一定程度上体现出"以教为中心"，注重对个体教化。差异教学则强调"教"为"学"服务，立足班集体，强调共性与个性辩证统一。满足学生的不同需要，尊重差异，促进学生自主的最大限度的发展。

差异教学是一种能体现教育教学原理的重要思想，也是一种教学的重要手段，它非常强调"再创造和重视过程性的教学原则"与"教师的主导性和学生的主体性相结合的教学原则"。这与弗赖登塔尔、波利亚等提出的教学方法有着惊人的相似。

（二）通过雨课堂实施的高等数学教学改革内容

探讨了大学数学网络教学平台建设中的一个具体问题，即如何提高大学生数学学习兴趣、学习效率，总结了大学生数学差异教学的模式实施的可行性及初步方法，提出了以知识点资源建设为载体的问题交互模式，以学习路径的方式获得具体数据，为后续利用社会网络技术分析学习行为提供必要的数据。

依据差异教学的理论，探讨差异教学在高等数学教学中的应用，提出应用雨课堂实施差异教学理念的方法。

将雨课堂应用于评估学生个体数学知识和能力，根据评估结果将学生分为几个学习层次；在教学中，应用雨课堂教学软件，上传学习课件、测试题和课后作业题，提供课前预习，辅助课堂教学，为各层次的学习者提供差异化的学习支持；并通过雨课堂布置课后预习及选择题形式的小测验，检测学生的学习效果；对于不同层次的学生，规定其作业题的完成的数量及难易程度，来实施高等数学差异化教学。

通过引入雨课堂教学辅助软件，课上＋课下＋课后的雨课堂，基本实现了教师对教学全周期的数据采集工作，从课前预习，课堂互动，课后作业等层面，帮助教师分析课程数据，量化分析学生的学习情况，精准教学。

三、基于雨课堂的差异性教学模式推进了高等数学教学的改革

突破传统的教学模式，探索结合雨课堂的高等数学教学新模式，适于学生自身学习的个性发展方式，为高等数学的教学注入新的活力，使枯燥乏味的课堂氛围不再出现；让学生在大学数学学习中获得满足感，真正构建起数学知识的理论体系，锻炼出一种追求真理、探索数学奥秘的科学精神；促进每个学生在原有基础上，高等数学学习都得到最大发展或者说使得学生的潜能得到最大的挖掘；使得学生能够找到一种属于自己的学习环境与学习方式，充分挖掘学生所具备的潜能，实现数学教育的价值；解决学生被动学习的现状，提高对数学学科的兴趣，树立学好数学的信心；拓展学生的数学学习思维，突出数学的探究性规律和数学素养的培养。

创建集问卷、口述及数学第二课堂（如数学建模、数学实验、数学文化等）考查等形式的大学生数学知识和能力的综合评估模式。创建针对大学生个体量身定做的课后复习及练习的系统的高等数学内容。整理出基于雨课堂的系统的课堂教学课件及课后复习、练习等电子内容，供教师们资源分享。

第七章 高等数学的教学方法改革策略

第一节 探究式教学方法的运用

一、什么是探究式课堂教学

探究式课堂教学就是指在课堂教学中以探讨研究为主的教学。完整地说，也就是高等数学教师在课堂教学的过程中，通过启发和引导学生独立自主地学习，以共同讨论为前提，根据教材的内容为基本探究的切入点，将学生周围的实际生活作为参照对象，为学生创设自由发挥、探讨问题的机会，通过让学生个人、小组或是集体等多种方式进行解难释疑尝试的活动，把他们所学的知识用在实际解决问题的一种教学方式。

数学教师是探究式课堂教学的引导者，主要调动中高校学生学习数学的积极性，发挥他们的思维能力，然后获取更多的数学知识，培养他们发现问题、分析问题以及解决问题的能力。同时教师要为学生创设探究的环境氛围，以便有利于探究的发展，教师要把握好探究的深度和评价探究的成败。学生作为探究式课堂教学的主体，要参照数学教师为他们创设的以及提供的条件，要认真明确探究的目标、思考探究问题、掌握探究方法、沟通交流探究的内容并总结探究的结果。探究式课堂教学有着一定的教学特点，主要表现为：首先，探究式课堂教学比较重视培养高校学生的实践能力和创新精神。其次，探究式课堂教学体现了高校学生学习数学的自主性。最后，探究式课堂教学能破除"自我中心"，促进教师在探究中"自我发展"。

二、探究式教学的影响因素及实施

（一）探究式教学的影响因素

（1）探究式教学与学习者有关：指学习者具有自主开展学习活动所需要的获取、收集、分析、理解知识和信息的技能，以及热爱学习的习惯、态度、能力和意愿。以这一指标来衡量高等数学课程教育，体现高等数学课程中学生以自主学习为主的特色。

（2）探究式教学与课程的设置有关：课程的设置是一门实践性很强的科学，它使学生经过系统的基础知识学习后，获得一种对社会的适应力。以这一指标衡量高等数学课，有助于推动理论联系实际的教学，贯彻学校培养应用型人才的培养方针。

（3）探究式教学和人与人之间的交流沟通有关：学生要不断自我完善，具有良好的心理素质、职业道德及诚信待人等品质。以这一指标衡量高等数学课，丰富了人才培养目标的内涵，也与竞争激烈的社会特点相适应。

（二）探究式教学的实施

（1）教师必须扎实基本功，熟悉教学过程，了解学生的基础，掌握教学大纲，研究教材。能把握教学的中心，突出重点，合理设置教学梯度，创设探究式教学的情景，使学生能配合老师组织教学。

（2）教师应精讲教学内容，掌握好教与练的尺度，腾出更多的时间让学生做课内练习，这不仅有利于学生及时消化教学内容，而且有利于教师随时了解学生掌握知识的情况，及时调整教学思路，找准教学梯度，使教与学不脱节，保证教学质量。练习是学习和巩固知识的重要途径，如果将练习全部放在课后，练习时间难以保障。另外，对于基础较差的学生，如果没有充分的课堂训练，自己独立完成作业很困难，一旦遇到的困难太多，他们就会选择放弃或抄袭。

（3）巧设情景，加强实践教学环节。以新颖教学风格吸引学生的注意，让学生在愉悦的氛围下学会知识。针对不同的培养目标，对有些对象可将数学理论的推导和证明实施弱化处理，以够用为主。要加强学生的动手操作能力的培养，也不必让非数学专业的学生达到数学专业的学习目标。另外，通过数学实验学生可以充分体验到数学软件的强大功能。数学的直接应用离不开计算机作为工具，对于工科学生最重要的是学会如何应用数学原理和方法解决实际问题。要把理论教学和实验教学有机地结合起来。

第二节　启发式教学方法的运用

一、高等数学课堂现状

在国内的很多高等数学课堂都是大班教学，一个班都是七八十甚至上百人，严重地违反教学规律。由于人数众多，师生互动就比较困难，老师观察不到所有学生的反应，数学效率比较低，为了保障教学效率，老师利用整堂课时间来讲解数学定义、定理及方法，学生通过反复的模仿、练习来掌握老师所讲的内容，数学方法和规律的形成和发展被人为地忽略，现在的教科书，为了遵循数学内部的逻辑性，形式化的表述有关概念、命题、公式没有把数学的来龙去脉讲清楚，所以很多学生对数学提不起兴趣，觉得枯燥、乏味，学习数学是一件迫不得已的事情。

二、教师教学水平对数学课堂的重要性

著名的数学教育家弗来登塔尔说过："没有一种数学的思想，以它被发现时的那个样子公开发表出来。"数学概念、法则、结论的产生和发展经历了反复曲折的过程，数学课堂有责任让学生了解数学的本质，这就对老师的专业素质提出很高的要求。教师不能像教科书上一样把静态的知识点一一罗列，而是要把数学的本质给学生呈现出来，所以往往在课堂上对教学效率起着决定性作用的是老师的教学水平并非教材的水准。有些老师可以把枯燥无味的知识点讲得生动有趣，而有些水平较差的数学老师，却无法依靠一本好的教材而提高自己的教学水平。

三、教师要善于启发学生

对于课堂教育而言，高等数学要培养能发现问题、提出问题、解决问题的创

新型人才，而不是简单的承载知识的容器，数学课堂要给学生展示数学最为鲜活的一面。尽可能地引导学生探索新问题以激发他们的学习兴趣，通过解决实际问题让他们获得成就感。学生在数学课堂上学会以问题为导向有针对性地学习相关方面的知识，这对他们未来的生活和学习都是非常重要的。引导学生就需要有相应的问题情境，这些问题不是自发产生的，而是教师有目的地进行活动的结果。

对于这样一个结果，学生不知道它的来龙去脉，不明白自己到底在学什么，为什么看似没有任何关联的数学方法就这样生拉硬扯地结合在一起，形成了解这一类题的思路。作为老师就有责任引导、启发学生，让学生主动地参加创造性的实践活动，领会研究数学中猜想和估计的重要性。

四、启发式教学在高等数学教学中的具体实践

启发式教学，根据百度词条，指教师在教学过程中根据教学任务和学习的客观规律，从学生的实际出发，采用多种方式，以启发学生思维为核心，调动学生的学习主动性和积极性，促使他们生动活泼地学习的一种教学指导思想。其基本要求包括：（1）调动学生的主动性；（2）启发学生独立思考，发展学生的逻辑思维能力；（3）让学生动手，培养其独立解决问题的能力；（4）发扬教学民主。教师在课堂教学过程中，应用启发式教学法要避免下述几种思维误区：一种是"以练代启"，以为调动学生的主动性就是多练习，当然多练习不是一种坏事，但仅停留在依葫芦画瓢还不能说是启发式教学；另一种是"以活代启"以为课堂气氛活跃热烈就是启发式教学，设计一些问题时以简单的"是不是""对不对"等作答。这些都是停留在表面的行为，那么，在教学中如何搞好启发式教学呢？通过教学实践，我认为在教学过程中，应用启发式教学要处理以下四个方面的问题：

（一）依据背景设置情景，激发学生的兴趣，导入新知识

俗话说得好："兴趣是最好的老师"。如果教师在课前针对教学内容的构思、酝酿一个新颖有趣的话题，就可以刺激学生强烈的好奇心，从而使教学效果事半功倍。例如：在介绍极限概念之前，可以先介绍历史上著名的龟兔悖论：乌龟在前面爬，兔子在后面追，由于兔子与乌龟之间隔一段距离，而在兔子追的过程中乌龟也在前面爬，像这样运动下去，尽管兔子离乌龟越来越近，但就是追不上乌

龟。通过这样一个有趣的问题吸引学生的好奇心，从而达到引入极限这个概念的目的。

（二）将情景转化成数学模型，进行问题分析，探索新知识

教师在课堂教学中适当穿插问题并进行结论，可启发学生进行思考并达到了解新知识的目的。例如：在上述悖论中，我们知道在现实生活中是不成立的，但是粗略来看，我们又挑不出毛病来，只是感觉不对头，这是因为上述悖论在逻辑上是没有问题的。那么，问题究竟出现在哪里呢？我们再来分析上述过程，可知在运动过程中，兔子与乌龟的距离是越来越小的，转化成数学问题，就是无穷小是否有极限？从实际来看，兔子一定可以追上乌龟，转化成数学说法就是：无穷小的极限为 0。这样，通过实际问题，我们就得到了新知识的一个特征。

（三）精心设计课堂练习，巩固新知识

数学学习的特征是通过练习可以加强我们对相应知识的理解与掌握，由于课堂练习只是课堂教学的一个补充，我们不需要对所讲知识点面面俱到，只需要抓住本堂课程的主要点出一些具有针对性的题目即可，练习的设计应遵循先易后难、便于迁移、可举一反三的规律。这样，通过练习，达到化难为易、触类旁通的目的，并培养学生问题的联想、知识迁移和思维的创新能力。

"授人以鱼不如授人以渔"，一切教学活动都要以调动学生的积极性、主动性、创造性为出发点，引导学生独立思考，培养他们独立解决问题的能力。但任何一种方法在其教育目的的实现上都不会是十全十美的，因此在利用启发式教学法在高等数学教学实践中，也要根据实际穿插使用各种教学手段，使这种教学模式更加充实和丰满，从而达到我们的教学目标。

第三节 趣味化教学方法的运用

一、高等数学教育过程中的现状问题分析

（一）课程内容单一，缺乏趣味性

高等数学作为重要的自然科学之一，在经济全球化与文化多元化的背景下，知识经济迅速发展，已经开始逐渐渗透到其他学科与技术领域。高校高等数学教学的内容应该与新时期社会发展对于人才的需求标准与要求紧密结合，培养适合于社会经济建设、文化发展的优秀人才。在实践中，上课教学仍然过多地关注课本知识的讲解，忽视了高等数学与其他学科之间的紧密联系，缺乏对于高等数学研究较为前沿问题的关注与了解。同时，高等数学教师将过多的时间、关注点放在课堂理论知识的讲解上，缺乏趣味性，忽视了大学生实践能力的培养。单一的课堂教学内容，不能引起大学生学习该门课程的兴趣与积极性，部分同学出现了挂科、厌学的情形。

（二）理论联系实际不够，应重视数学应用教学

教师在教学中对通过数学化的手段解决实际问题体现不够，理论与实际联系不够，表现在数学应用的背景被形式化的演绎系统所掩盖，使学生感觉数学是"空中楼阁"，抽象得难以琢磨，由此产生畏惧心理。学生的数学应用意识和数学建模能力也得不到必要的训练。针对上述情况，我们应重视高等数学的应用教育，在教学过程中穿插应用实例，以提高学生的数学应用意识和数学应用能力。

（三）对数学人文价值认识不够，应贯彻教书育人思想

数学作为人类所特有的文化，它有着相当大的人文价值。数学学习对培养学生的思维品质、科学态度、正确地认识问题、快速地解决问题、创新能力等诸多方面都有很大的作用。然而，教师们还未形成在教学中利用数学的人文价值进行

教书育人的教学思想。教书育人是高等教育的理想境界，首先，教师要不断提高自身素质，从思想上重视高等数学教育中的数学人文教育；其次，教师要关心学生的成长，将教书育人的思想贯彻到教学过程中，注重数学品质的培养。

二、高等数学教学趣味化的途径与方法

高等数学是独立学院开设的一门重要基础课程，是一种多学科共同使用的精确科学语言，对学生后继课程的学习和思维素质的培养发挥着越来越重要的作用。但在实际教学过程中，高等数学课堂教学面临着一些困境：独立学院学生数学功底较差，加之内容的高度抽象性、严密逻辑性以及很强的连贯性，更是让学生感觉枯燥乏味，课堂气氛严肃而又沉闷，学生学得痛苦，教师教得无奈，特别是一些文科类的学生，对其更是产生了恐惧感，渐渐失去学习数学的兴趣。

著名科学家爱因斯坦说过："兴趣是最好的老师。"因此，调节数学课堂的气氛，提高高等数学课程的趣味性，吸引学生的注意力，调动学生的学习积极性，激发学生学习数学的兴趣，是教师提高教学实效的重要途径。

（一）通过美化课程内容提高数学本身的趣味性

首先，教师要引导学生发现数学的美，有意识地将美学思想渗透到课堂教学中。例如：在极限的定义中，运用数学的一些字母和逻辑符号（$\varepsilon\text{-}\delta$ 语言、$\varepsilon\text{-N}$ 语言）就可以把模糊、不准确的描述性定义简洁准确表述清楚，体现了数学的简洁美，如泰勒公式、函数的傅里叶级数展开式等表现了数学的形式美；空间立体的呈现体现了数学的空间美；几何图形的种种状态体现了数学的对称美；反证法的运用体现了数学的方法美；中值定理等定理的证明体现了数学的推理美；数形结合体现了数学的和谐美等等。数学之美无处不在，在高等数学教学中帮助学生建立对数学的美感，能唤起学生学习数学的好奇心，激发学生对数学学习的兴趣，从而增强学生学习数学的动力。

其次，在教学过程中化难为简，少讲证明，多讲应用，特别是对于工科类的学生而言，不仅可以减少学生对数学的枯燥感，还可以让学生明白数学其实是源于生活又应用于生活的。在用引例引出导数的定义时，教师可以不讲切线和自由落体，而由经济学当中的边际成本和边际利润函数或者弹性来引出导数的定义，

事实上边际和弹性就是数学中的导函数；在讲解导数的应用时，可以结合实际生活，例如：电影院看电影坐在什么位置看得最清，当产量多少时获得的利润最大等，事实上最值问题就是导数的一个重要应用，这样把例子变换一下，会让学生体会到数学的应用价值；在介绍定积分时可以不直接讨论曲边梯形的面积，而是让同学考虑农村责任田地的面积，引起学生的注意力，提高教学效果；在讲解级数的定义时，先介绍希腊著名哲学家—芝诺的阿基里斯悖论，即希腊跑得最快的阿基里斯追赶不上跑得最慢的乌龟，立马就会引起学生的兴趣，事实上这就是无限多个数的和是一个有限数的问题，即收敛级数的定义，这样学生不仅觉得有趣而且印象深刻。

因此，教师在高等数学教学中，应精心设计、美化教学内容，使其更多地体现数学的应用价值，增强数学知识的目的性，让学生意识并理解到高等数学的重要性，从而自发地提高学习兴趣。这样，学生在轻松快乐的气氛中明白了数学是源于实际生活并抽象于实际生活的，和实际生活有着密切的关系，意识到数学是无处不在的。

（二）通过改变教学方式激发学生的学习兴趣

目前对于独立学院的高等数学教学，"满堂灌"式的教学方法仍然占主导地位，教师讲、学生听，过分强调"循序渐进"，注重反复讲解与训练。这种方法虽然有利于学生牢固掌握基础知识，但却容易造成学生的"思维惰性"，不利于独立探究能力和创造性思维的发展，同时由于过多地占用课时，致使学生把大量的时间耗费于做作业之中，难以充分发展自己的个性。因此，创造良好活跃的课堂教学氛围，激发学生兴趣，提高学习数学的热情，合理高效利用课堂时间，是提高教学质量和改善教学效果的有效途径。

结合笔者自身教学实践经验，认为独立学院可以结合自身情况，充分利用上课前 5~10 分钟时间，采取奖励机制（如增加平时成绩等方法），让学生踊跃发言，汇报预习小结，例如：定积分这一节，课堂上就预习情况让学生自由发言，有人说："定积分就是用 dx 这个符号把函数 f（x）包含进去。"有人说："定积分就是一个极限值。"学生们你一言我一语，事实上就把定积分的概念性质说得差不多了，这样一来不仅调动了课堂气氛，培养了学生的自学能力，而且对教师教学而言也会起到事半功倍的效果。另外，还可以在授课中穿插一些数学发展史和著名数学家的小故事，这样既可以丰富课堂内容缓解沉闷的课堂气氛，又可以扩大学生的知识面，提高学习数学的兴趣。而在布置作业时，不要单纯让学生做课后习题，可以布置一些"团队合作"的作业，把学生分成几个小组，让他们用团队力量来完成作业，比如说简单的数学建模，让学生合作完成，每小组交一份报告。这样既可以锻炼学生的团队协作能力，也大大提高了高等数学作业的趣味性，让学生乐于做作业。

（三）通过优化教学手段提高学生的学习热情

高等数学作为独立院校的一门基础课程，在多数学校都采取多个班级或多个专业合成一个大班来进行教学。单纯使用黑板进行教学存在很多弊端，针对这样的现状，吕金城认为应当用黑板与多媒体相结合的方法来进行教学。多媒体表现力强、信息量大，可以把一些抽象的内容形象生动地展现出来，例如：在讲定积分、多元函数微分学、重积分、空间解析几何时，多媒体课件可以清晰、生动、直观地把教学内容展示在学生面前，既刺激学生的视觉、听觉等器官，激发学习热情，又节约时间，提高了教学实效。

但教师也不能过多依赖多媒体，一些重要的概念、公式、定理的讲解还是要借助黑板，这样才能使学生意识这些内容的重要性，且对一些证明和推导过程理解更充分、更透彻。这种以黑板推导为主、多媒体为辅的教学模式更有助于增加数学教学的灵活性，激发学生的求知欲，提高学生学习数学的热情。

对于独立学院高等数学课程的教学，教师要结合自身情况、学生情况，适当美化教学内容，并改变教学方法和手段，提升高等数学的魅力，增加该课程的趣味性，降低学生对高等数学的畏惧感，激发学生学习数学的热情和兴趣，并逐步培养学生独立思考问题解决问题的能力。当然，独立学院的高等数学教学还处于起步阶段，高等数学课程的教学内容、教学方式、教学手段等还在不断探索、不断改革。关于该课程的趣味性还需要教师进一步努力，进行更深入的探索。

三、以极限概念为例，展开高等数学教学趣味化的探讨

数学是科学的"王后"和"仆人"。数学正突破传统的应用范围向几乎所有

的人类知识领域渗透。同时，数学作为一种文化，已成为人类文明进步的标志。一般来说，一个国家数学发展的水平与其科技发展水平息息相关。不重视数学，会成为制约生产力发展的瓶颈。所以，对工科学生来说，打好数学基础显得非常重要。

获得国际数学界终身成就奖——"沃尔夫"奖的我国数学大师，被国际数学界喻为"微分几何之父"的陈省身先生说"数学是好玩的"。简洁性、抽象性、完备性，是数学最优美的地方。然而，对大多数工科学生来讲，往往感觉"数学太难了"。如此鲜明的对比，分析其原因，应该来自于数学的高度抽象性，将冗杂的应用背景剥离掉，将其应用空间尽可能地推广，再将一切漏洞补全，这些已将数学的核心部分引向高度抽象化的道路，这些都已成为学生喜欢数学的最大障碍。

我们认为，数学是简单的、自然的、易学的、有趣的。学生在学习过程中遇到的难点，也正是数学史上许许多多数学家曾经遇到过的难点。数学天才高斯要求他的学生黎曼研究数学时，要像建造大楼一样，完工后，拆除"脚手架"，这一思想对后世数学界影响至深。拆除过"脚手架"的数学建筑，我们只能"欣赏"，只能"敬而远之"。一名好的数学教师，在教学过程中，正是要还原这些"脚手架"，还原数学的"简单"，这是初级教学目标。华罗庚说："高水平的教师总能把复杂的东西讲简单，把难的东西讲容易。反之，如果把简单的东西讲复杂了，把容易的东西讲难了，那就是低水平的表现。"

极限概念是工科高等数学中出现的第一个概念，非常难理解，是微积分的难点之一，也是微积分的基础概念之一，微积分的连续、导数、积分、级数等基本概念都建立在此概念基础之上。虽然高中课改后，学生已对极限有了初步的认识，但对严格极限概念的接受、理解和掌握还是相当困难。一个好的开始，可以说是成功教学的一半，处理好极限概念，绝大部分学生就会喜欢上数学，我们认为培养兴趣应是教学工作中的第一要务。相反，处理不好极限概念的教学，会使很多学生的数学水平停留在被动的、应付考试的级别上。齐民友教授对此现象有一个很生动的说法："在许多学校里，数学被教成一代传一代的固定不变的知识体系，而不问数学是何物。"掌握一个科目就是彻底地掌握有关的基本事实——正所谓舍本逐末，买椟还珠。

另一方面，高等数学是工科学生进入大学后的第一批重要基础课之一，学分较多，能否学好高等数学对学生四年的大学学习会产生重要的心理影响。所以，极限概念的教学应引起大学数学教师的重视。

（一）数学史上极限概念的出现

极限思想的出现由来已久。中国战国时期庄子（约前369年—前286年）的《天下篇》曾有"一尺之棰，日取其半，万世不竭"的名言；古希腊有芝诺（约公元前490年—前425年）的阿基里斯追龟悖论；古希腊的安蒂丰（约公元前480年—前410年）在讨论化圆为方的问题时用内接正多边形来逼近圆的面积等，而这些只是哲学意义上的极限思想。此外古巴比伦和埃及，在确定面积和体积时用到了朴素的极限思想。数学上极限的应用，较之稍晚。公元263年，我国古代数学家刘徽在求圆的周长时使用的"割圆求周"的方法。这一时期，极限的观念是朴素和直观的，还没有摆脱几何形式的束缚。

1665年夏天，牛顿在对三大运动定律、万有引力定律和光学的研究过程中发现了他称为"流数术"的微积分。德国数学家莱布尼茨在1675年发现了微积分。在建立微积分的过程中，必然要涉及极限概念。但是，最初的极限概念是含糊不清的，并且在某些关键处常不能自圆其说。由于当时牛顿、莱布尼茨建立的微积分理论基础并不完善，以致在应用与发展微积分的同时，对它的基础的争论愈来愈多，这样的局面持续了一二百年之久。最典型的争论便是：无穷小到底是什么？可以把它们当作零吗？

（二）精确语言描述：$\varepsilon\text{-}\delta$（叙述其简洁、严格之美）

现代意义上的极限概念，一般认为是魏尔斯特拉斯给出的。

在18世纪，法国数学家达朗贝尔（1717—1783）明确地将极限作为微积分的基本概念。在一些文章中，他给出了极限较明确的定义，该定义是描述性的、通俗的，但已初步摆脱了几何、力学的直观原型。到了19世纪，数学家们开始进行微积分基础的重建，微积分中的重要概念，如极限、函数的连续性和级数的收敛性等都被重新考虑。1817年，捷克数学家波尔查诺（1781—1848）首先抛弃无穷小的概念，用极限观念给出导数和连续性的定义。函数的极限理论是由法国数学家柯西（1789—1857）初建，由德国数学家魏尔斯特拉斯（1815—1897）

完成的。柯西使极限概念摆脱了长期以来的几何说明，提出了极限理论的 $\varepsilon\text{-}\delta$ 方法，把整个极限用不等式来刻画，引入"lim"等现在常用的极限符号。魏尔斯特拉斯继续完善极限概念，成功实现极限概念的代数化。

微积分基础实现了严格化之后，各种争论才算结束。有了极限概念之后，无穷小量的问题便迎刃而解：无穷小是一个随自变量的变化而变化着的变量，极限值为零。

（三）极限概念的教学

教学过程中应还原数学的历史发展过程，重视几何直观及运动的观念，多讲历史，少讲定义，以引发学生兴趣——学时如此之短，想讲清严格定义也是枉然，但是，也应适当做一些 $\varepsilon\text{-}\delta$ 题目，体会各种滋味。

研究极限概念出现的数学史，我们发现，现代意义上精确极限概念的提出，经过了约两千五百年的时间。甚至微积分的主要思想确立之后，又经过漫长的一百五十多年，才有了现代意义上的极限概念。数学史上出现了先应用，再寻找理论基础的"尴尬"局面。极限概念的难以理解，由此可见一斑。

正因为如此，魏尔斯特拉斯给出极限的严格定义后，主流数学家们总算是"长出一口气"，从此以后，数学界以引入此严格极限定义"为荣"——总算可以理直气壮、毫无瑕疵地叙述极限概念了！我们注意到，极限概念的严格化进程中，以摒弃几何直观、运动背景为主要标志，是经过漫长的一百多年的努力才寻找到的方法。但教学经验表明，一开始就讲严格的 $\varepsilon\text{-}\delta$ 极限概念，往往置学生于迷雾之中，然后再讲用 $\varepsilon\text{-}\delta$ 语言证明函数的极限，基本上就将学生引入不知极限为何物的状况中。这种教学过程是一种不正常的情况，有些矫枉过正，在重视定义严格的前提下，拒学生于千里之外。

我们认为，在极限概念的教学过程中，首先应该还原数学史上极限概念的发展过程，重视几何直观和运动的观念，先让学生对极限概念有一个良好的"第一印象"。我们认为，为获得一个具有"亲和力"而不是"拒人于千里之外"的极限概念，甚至可以暂时不惜以牺牲概念的严格化为代价，用不太确切的语言将极限思想描述出来。

另一方面，由于学时缩减，能安排给极限概念的教学时间有限。只要触及极限的严格化定义——ε-δ，学生就必然会有或多或少的困惑和问题。我们认为在教学过程中，教师应该告诉学生"接纳"自己对极限概念的"不甚理解""理解不清"状态。如牛顿、莱布尼茨等伟大的数学家都有此"软肋"，并因此遭受长达一二百年之久的微积分反对派的尖锐批判。我们即便"犯下"一些错误，也是正常的，甚至也是几百年前某个伟大如牛顿、莱布尼茨这样的学者曾经"犯下"的错误。所以教师应引导学生不能妄自菲薄，要改变高中学习数学为应付高考的模式，不再务求"点点精通"，而是将学习重点放到微积分系统的建立上，消除高中数学学习模式的错误思维定式的影响。

用几何加运动方式，即点函数的观念描述的极限概念，直观、趣味性较强，另一方面，可以很方便地推广到下册多元函数极限的概念，为下册微积分推广到多元打下伏笔。多年来的教学经验表明，让学生对数学有自信、有兴趣，可以帮助学生学好数学。

（四）极限概念对人生的启示

哲理都是相通的，数学的极限概念中也蕴含着深刻的哲理。它告诉我们，不要小看一点点改变，只要坚持，终会有巨大收获！学完极限概念，我们至少要教会学生明白一件事，就是做事一定要坚持，每天我们前进很小很小的一步，最终会有很多收获。这是学极限概念收获的最高境界，也是作为一名教师"教书育人"的最高境界。

第四节　现代教育技术的运用

一、现代教育技术的内涵

现代教育技术指运用现代教育思想、理论、现代信息技术和系统方法，通过对教与学的过程和教与学资源的设计、开发、利用、评价和管理，来促进教育效果优化的理论和实践。具体而言，现代教育思想包括现代教育观、现代学习观和现代人才观三个部分的内容。现代教育理论则包括现代学习理论、现代教学理论和现代传播理论。现代信息技术主要指在多媒体计算机和网络（含其他教学媒体）环境下，对信息进行获取、储存、加工、创新的全过程，其包括对计算机和网络环境的操作技术和计算机、网络在教育及教学中的应用方法两部分。系统方法是指系统科学与教育、教学的整合，它的代表是教学设计的理论和方法。

由上可见，现代教育技术包含两大模块：一是现代教育思想和理论。二是现代信息技术和系统方法。现代教育技术区别于传统教育技术，前者是利用现代自然科学，工程技术和现代社会科学的理论与成就开发和研究与教育教学相关的、以提高教育教学质量和教育教学成果为目的的技术。它是当代教师所应掌握的技术，涵盖了教育思想、教育教学方式方法、教育教学手段形式、教育教学环境的管理和安排、教育教学的创新与改革等方面的内容。同时，它也主要探讨怎样利用各种学习资源获得最大的教育教学效果，研究如何把新科技成果转化为教育技术。综上所述，现代教育技术就是以现代教育理论和方法为基础，以系统论的观点为指导，以现代信息技术为手段，通过对教学过程和教学资源的设计、开发、使用、评价和管理等方面的工作，实现教学效果最优化的理论和实践。

二、现代教育技术在高等数学教学中的作用

基于上述对现代教育特点、高等数学教学现状及所面临挑战的分析与介绍，笔者认为现代教育技术对高等数学教学的作用主要体现在如下几个方面：

（一）运用现代教育技术，可以提高教学内容的呈现速度和质量

高等数学具有自己特殊的学科表达方式：一是采用符号语言，表达简洁、准确。二是采用几何语言，表达形象、直观。由于高等数学具有这样的特点，所以在高等数学的教学过程中无法单纯靠文字语言进行信息完整和准确的传授，这也就决定了高等数学课堂教学的特点是必须呈现大量的板书，包括大量的书写和大量的画图。例如：概念和定理完整的表达、定理的证明等都需要大量的书写。在解析几何中，知识的讲解一般伴随着大量的画图。由于这些书写和画图的过程都需要教师现场完成，所以课堂大量有效的时间均花费在了这些操作上，并且很多时候"现场制作"效果不佳，严重影响了教学效果。此时就可以发挥现代教育技术的教学优势，教师只需在备课时做好课件，课堂上直接进行演示即可。相比之

下，后者不仅节省了大量的时间，而且使学生更清楚地观察教学过程，教学效果得到极大提高。

（二）运用现代教育技术，可以动态地表达教学思想

高等数学主要研究"变量"，因此高等数学思想中充满了动态的过程。例如：讲解"极限"的过程需要把"无限趋近"的思想表达出来，而"无限趋近"仅靠语言表达很难清楚地呈现。这些概念的表达，都是动态的过程，需要用"动画"来表示，传统教学模式难以表示此动态过程，它往往只能告诉学生"是这样"或者"是那样"，因此很多学生对这些动态的过程理解不透彻，甚至出现理解错误，严重影响了学习的效果。此时教师便可借助多媒体或者数学软件等现代信息技术手段，把这些过程制作成动画，动态地呈现这些内容，使抽象的理论变得生动、直观和自然，学生的感受更直观，因此，学习效果得以提升。

（三）运用现代教育技术，可以更快更及时地解决学生的提问

在高等数学的学习过程中，每个人都不可避免地会有很多疑问，在传统教学模式下，这些问题一般由教师在课堂上解决，或者通过学生之间互相讨论解决。这种疑问解答方式的反馈及时性和便捷性都较差，很大程度上影响了学生的学习积极性。现代教育技术为解决此类问题提供了一个新思路，虽然受到客观条件的限制，现代院校不可能在每一间教室都提供电脑及联网等条件，但是在图书馆、信息技术中心及寝室等地方则可以达到这些条件。学生就可以把学习中所碰到的难题和困惑及时发到网上，与其他同学和教师交流，这样不仅有利于及时解决问题，还可以调动学生学习的兴趣，激发学习热情，增强学习效果。

（四）运用现代教育技术，可以更好地进行习题课教学

数学知识需要大量的练习才能被充分消化吸收，高等数学也是如此。但是，根据多年的教学实践，笔者发现传统教育方式下的习题课教学效果较差，这是因为传统的教育方式只可能考虑到一部分学生的接受能力，无法顾及所有学生的需求。然而，教师在高等数学教学中可以适当地使用现代教育技术来解决这一难题，即教师在设置有局域网的教室开展课堂活动，每个学生便可以在习题课评价系统

中根据自己的实际情况进行个性化练习，对自己的学习情况进行自我评价，不懂的地方可以及时反馈，并可以与教师及同学一起讨论。这使得学生增强了学习的主动性及积极性，思想也更为活跃，有利于培养学生的创新能力，进而也更加有利于增强高等数学的教学效果。

三、CAI 教学与高等数学的整合

（一）CAI 教学进入高等数学课堂

"计算机辅助教学"是 CAI（Computer Assisted Instruction）的汉语翻译，从目前的实践来看，它的范围远远小于英语中"计算机辅助教学"的范围，随着现代教育技术的不断发展，这一领域定义的外延和内涵还在不断发生着深刻的变化。教师希望克服传统教学方法上机械、刻板的缺点，就可以综合运用多媒体元素、人工智能等技术。它的使用能有效地提高学生学习质量和教师教育教学的效率。

（二）CAI 教学面对学生可以因材施教

为切实提高教学效率和教学质量，发挥学与教中教师主导和学生主体的作用。高等数学的任课教师可以研究制作高等数学课教学课件，边实践边修改，通过在多个班进行教学试点验证，此举使得授课内容更为丰富。通过穿插彩色图片、曲线等，使得整个授课中抽象乏味的数学公式由枯燥变得有趣，由单一变得活泼，起到了积极作用。我们还可以保留板书教学的优势，有利于给学生强调知识重点，帮助学生融会贯通。

（三）CAI 教学将高等数学化繁为简

高等数学具有抽象性高和应用广泛的特点，教师通过多媒体的手段更为直观地传递给学习者，让学习者自发探索新的规律，化烦琐的新知识为简明易懂的旧内容。教师仅仅在黑板上面绘制平面图形，例如空间解析几何内容涉及很多空间知识的学习，学生是很难掌握的。用 flash 的方式来模拟立体图形和复杂函数图形生成，将实现由点到线到面最后生成空间图形全过程。

（四）CAI 教学突破重难点

教师在高等数学教学中，经常会遇到知识点往往不能被一带而过，但是对于一些学生难以理解的知识点，我们可以通过 CAI 教学方式传递给学生，化难为易，让静止的问题动态化、让抽象的道理具体化和让困难的处境简单化。例如：定积分的定义。在理解思路中，教学中的重点是对曲边梯形面积的求解过程。

（五）CAI 教学帮助教师转变教学观念

墨守成规的教师，不仅会导致自己的知识很快陈旧落伍，而且自身也会被时代所淘汰。高等数学教师，在重视师生之间的情感交流的基础上，更要学习现代教育技术知识，培养持续发展的意识，体谅学习成绩不理想的学生，增强学生学习高等数学的信心，激发学生的求知欲，以良好的心态和饱满的热情，鼓励学生积极参与"交流—互动"教学活动。

四、运用现代教育技术应注意的问题

虽然运用现代教育技术来优化高等数学教学，有着传统教学模式无法比拟的优势，但是我们在进行现代信息技术与高等数学整合时，需要注意如下三个问题：

（一）处理好现代信息技术与传统技术的关系。

手工技术时代，以粉笔、黑板、挂图及教具等为代表的传统媒体是教师教学的基本手段；机电技术时代，幻灯、投影、广播及电视等视听媒体技术成为教师教学的有力助手；信息技术时代，以多媒体计算机为核心的信息化教育技术成为师生交流及共同发展的重要工具。因此，教师要充分发挥传统媒体技术在教育中的积极作用。虽然黑板、粉笔、挂图和模型等传统教育工具以及录音机、幻灯机、放映机等传统电化教育手段存在一定的局限性，但是它们在教学中仍旧具有独特的生命力。由于在高等数学教学中有些知识较为抽象，若缺乏黑板板书和形象生动的讲解支持，单靠多媒体进行知识呈现，教学效果肯定不佳，因此在适当的时候教师也应充分利用黑板和粉笔进行教学。

（二）现代信息技术的本质仍是工具

当前，世界各国都在研究如何充分利用信息技术提高教学质量和效益，加强现代信息技术的教学应用已成为各国教学改革的重要方向。但是，现代信息技术毕竟只是手段和工具，只有充分认识到这一点，才能一方面防止技术至上主义，另一方面避免技术无用论。此外，注重现代教育技术的使用，也不要忽略对学生的人文关怀，即对学生心理、生理及情感的关怀等。

（三）促进信息技术与学科课程的整合

若想充分发挥信息技术的优势，为学生提供丰富多彩的教育环境和有力的学习工具，必须促进信息技术与学科课程的整合，以逐步实现教学内容的呈现方式、学生的学习方式、教师的教学方式以及师生互动方式的变革，大力促进信息技术在教育教学中的普遍应用。

总之，在高等数学教学过程中，有机整合现代教育技术和传统教育模式的优点，将会更好地提高教学效果及教学质量，也更有利于创新人才的培养。基于研究和实践，笔者深切地感受到：利用现代教育技术改善高等数学课程教学，并借此努力培养学生的数学素质，提高学生应用所学数学知识分析问题和解决问题的能力，激发学生的学习兴趣及稳步提高教学质量等，都将是高等数学教学改革的方向和目标，同时这也必将是一个循序渐进的过程。利用信息技术有助于高等数学的多层次展示，并利于呈现多种模式的教学，这使高等数学课程的教学出现了生动活泼的局面，同时也带来了一系列的新问题。当前，在稳定提高高等数学教学质量及深化教学改革方面还有许多问题需要解决，希望一线教师在不断探索和实践的基础上制定出比较完整和完善的规划。通过一线教师对信息技术与高等数学教学课程整合进行不断的努力和探索，一定能够优化高等数学的教学。

第八章 高等数学教学创新研究

第一节 慕课对高等数学教育的影响

慕课作为一个新兴大规模在线教育模式，已在世界范围内引起一场教育革命。慕课的出现必将对高等数学传统教育方法、方式产生影响，本节将阐述慕课的发展现状，深入分析其优势和不足，以及对高等数学教育的影响和启示，并结合实际对高等数学教育相关问题进行探讨。

慕课（MOOC，Massive Open Online Courses）即大规模开放在线课程，这一新潮流兴起于 2011 年秋，在当时被媒体誉为"印刷术发明以来教育最大的革新"，2012 年更是被美国《纽约时报》称为"慕课元年"。多家专门提供慕课教育课程的供应商纷纷把握机遇展开竞争，coursers、edX、Udacity 是其中最有影响力的"三巨头"。但是随着网络技术的普及，慕课作为一种新型的网络学习课程资源以其方便、快捷、成本低、效率高等诸多优点从而受到众多学习者的青睐，传统教学的作用受到质疑，教学组织形式面临重大挑战，甚至人们开始怀疑大学存在的意义。在此背景下，如何全面准确地认识慕课，理性分析慕课对大学高等数学教学改革发展的影响，审时度势地提出相应的应对措施。

一、慕课简介及发展现状

所谓慕课，即 MOOC，是 Massive（大规模的）、Open（开放的）、Online（在线的）Course（课程）四个词的缩写，指大规模的网络开放课程。2008 年，戴夫·科米尔与布莱恩·亚历山大特教授第一次提出了 MOOC 这个概念。顾名思义，MOOC 的主要特点是大规模、在线和开放。其"大规模"主要表现在学习者人数上，与传统课程只有几十个或几百个学生不同，一门慕课课程动辄上万人。"在线"是指学习的过程是在网上完成的，无须旅行，不受时空限制。"开放"是指世界各地的学习者只要有上网条件就可以免费学习优质课程，这些课程资源是对所有学习者开放的。现在为大家所熟知的慕课源自 2011 年由斯坦福大学的塞巴斯蒂安·特龙和彼德·诺米格通过网络开放所授课程"人工智能导论"，该课程吸引了来自 195 个国家和地区的 16 万名学习者，随即塞巴斯蒂安·特龙开发了 Udacity 平台。此后，麻省理工学院宣布在 2012 春季启动 MITx 平台，吸引众多国际知名高校纷纷参与进来。

　　虽然慕课这个概念 2008 年就已提出，但是直到 2011 年秋季才为世界广泛知悉，因为由塞巴斯蒂安·特龙和彼德·诺米格两位斯坦福大学教授在网上开设的"人工智能导论"课程真的做到了"上万人同修一门课"，世界为之振奋：来自 195 个国家的 16 万人注册，2 万 3 千人完成了课程学习，以往只为少数人享用的世界顶尖教育终于可以面向世界各个角落的平民。与自学不同，慕课提供了大学课堂身临其境的学习感受，老师、同学、听课、讨论、作业和考试等，不打折扣，原汁原味。受人工智能课程成功的激励，2012 年 1 月，特龙辞去了斯坦福终身教授的职务，成立了 Udacity 公司，专做免费网络课程。而早在 2011 年秋天，其斯坦福的同事吴恩达和科勒就已经基于自己的慕课实践，开办了 coursers 公司，成为慕课课程的平台提供商。这两家起源于以创业著名的斯坦福大学的慕课公司都得到了硅谷的风险投资，也都有专业人员对其进行媒体传播，一时间新闻迭出，也让慕课概念广为人知。在雄厚资金的资助下，两家公司扩展很快，以 coursers 为例，在成立后的半年内就安排了近 30 门课程上线，到 2013 年 1 月，已经谈妥了 33 所大学 20 个门类的 213 门课程。如果只是斯坦福大学一家活跃还不足以引起世界震动，2012 年 5 月，一向在开放教育这块领域比较沉稳的哈佛大学宣布与 MIT 合作成立非营利性组织 edX，也向世界各国的顶尖大学发出邀请，一起在开源的平台上提供开放的优质课程。2013 年 5 月，包括清华、北大、香港大学、香港科技大学、日本京都大学和韩国首尔大学等 6 所亚洲高校在内的 15 所全球名校也宣布加入 edX。一时间，风起云涌，加入者众多。

　　慕课作为后 IT 时代一种新的教育模式，其横跨了教育、科技、金融、社会等多个领域，其兴起的背后有着一定的历史必然性。能在短时间内如此迅猛地发展，其原因引起人们的广泛关注。慕课的兴起与迅猛发展并非偶然，它与互联网与信息技术的进步、供应商提供的专业化平台、众多高校的加入和庞大的市场需求密不可分。首先，互联网技术的成熟以及慕课课程的教学模式已基本定型，使得照此模式批量制作课程的方式成为可能。网络教育实践的教学经验能很好运用到慕课的教学中。其次，供应商提供的专业化平台是慕课发展的技术保障，与之前的高校建立自己的开放教育资源网站不同，这些专业化的平台提供商的出现，降低了高校建设慕课课程的门槛和经费投入，也刺激了更多的一流大学的加入。再次，巨大的市场需求和大量风险基金、慈善基金进入，以及一些大学开始接受慕课课程的证书，承认其学分。最后，企业界的支持和介入，阿里巴巴推出在线教育平台"淘宝同学"；腾讯在 QQ 平台中，增加了群视频教育模式；百度推出百度教育频道，开设"度学堂"；网易推出"公开课"和"云课堂"，新浪推出"公开课"。

二、慕课的优势和不足

与传统在线教育相比，慕课作为一种新型的学习和教学方法，具有其独特的优势和特点：使用方便；费用低廉；覆盖的人群广；自主学习；学习资源丰富；绝大多数慕课是免费的，课程的参与者遍布全球、同时参与课程的人数众多、课程的内容可以自由传播、实际教学不局限于单纯的视频授课，而是同时横跨博客、网站、社交网络等多种平台，这也为慕课的推广和传播奠定了良好的基础。可以跨越时区和地理位置的限制；可以使用任何你喜欢的语言；可以在目标人群中使用当前流行的网络工具；慕课可以快速架设，一旦学生接到通知，马上就可以展开学习，是像救灾援助式的紧迫式学习的最佳模式；可以分享与背景相关的任何内容；可以在更多非正式的情境下学习；可以跨越学科、公司或机构的连接；还具有跨文化交流的优势，不同国家地区的学习者在论坛中讨论学习非学习问题便于学习者之间跨文化交流，加深相互理解；不需要任何学位，你就能学习你想学的任何课程；慕课可以成为你的个人化学习环境或学习网络的一部分；能增强终身学习的能力，参与到慕课中，你的个人学习技巧和对知识的吸收能力都将有所提高。

然而，慕课的劣势也不容忽视。由于学习者的教育程度参差不齐，单一的课程内容很难同时满足数以万计的学生需求，这也必然会导致某些学习者感到内容艰涩难懂而某些学习者又觉得课堂内容不够深入，教师也难以根据全世界大量甚至矛盾的反馈，实时调整教学内容。慕课的早期阶段，这一问题非常突出。在coursers公司，在注册参加特隆和诺维格讲授的线上人工智能课的16万名学生中，最后只有14%的学习者念完了课程。而在2012年初注册参加麻省理工学院的一门电路课程的15.5万名学生中，只有2.3万人完成了第一套习题，约7千人即5%通过了这门课程。coursers公司带领数万人完成一门大学课程是一项不同寻常的成就，尤其想到每年在麻省理工学院只有175名学生修完这门课。但是中途退课的人数比例之高凸显了让线上学生保持专注度和动力的难度之大。其次网络课程教育互动性弱，教授者与学习者之间没有面对面的眼神交流，不利于因材施教。

三、慕课对高等数学教育的影响和启示

慕课对高等数学教育的影响。慕课作为一种全新的、不同于传统的网络教学模式，具有广阔的发展空间和发展潜力。传统高等数学的教学方式不可避免地受到强烈的冲击，相信随着慕课平台的不断发展和完善必将会对高等数学的教学和改革产生深远的影响。

慕课丰富的教学资源将迫使教师加强自己的教学设计，丰富自己的教学资源。慕课有着相当丰富的优质教学资源，大量名校名师推出的在线课程供学生自由选择而且新课程的上线速度非常快，学生可以依据自己的兴趣或发展需求，更加方便快捷地找到全球各学科最高水平的课程。这对传统高等数学的教学来说无疑是一个巨大的挑战，当前，高等数学课程设计老套，课程资源有限，开发缺少创新，不能满足学生的个性化培养需求，这也在一定程度上反映了高等数学教师的设计能力有待提高。

慕课灵活的教学手段促使教师改进教学方式提高教学技能。慕课采取了"翻转课堂"教学方式，采用优质的视频课程资源来代替面对面讲授；学生在课堂外先观看和学习教师做好的教学视频资料，课堂变成师生之间以及学生之间研讨和解决问题的场所。翻转课堂颠覆了传统的单向传授式、填鸭式教学。因此，教师应以此为契机，加强对教学方法、教学手段的研究和创新。反思如何进行学习者的组织管理，如何引导学习者深度参与，不断提高信息素养和教学技能。

　　慕课颠覆了传统的教学时间和空间安排，不仅能够满足学生自主学习和个性化学习的需求，而且能够增强学生和教师之间的交流，并在很大程度上能够促进学生问题解决能力以及创新能力的发展，而慕课和已有的各种开放课程则为教师开展翻转课堂实践提供了内容和资源的质量保证。在这种情况下，与传统高等数学教学相比，慕课在线学习具有一定优势和重要性，因此，高等院校高等数学教学改革需要抓住这一良好的机遇，从内到外地打破固守传统的教育理念和方法，改变教学模式，提高创新能力，深化课程与教学改革。

　　在慕课迅猛发展和国际高等教育竞争日益加剧的背景下，高等数学教育也迎来了难得的发展机遇，也面临着前所未有的挑战。首先，应把慕课纳入大学学科发展规划中；设计高等数学自身的发展规划时，应当把握世界高等数学发展动态，及时关注，加强研究，有计划分步骤地推出自己的发展规划，把高等数学慕课建设纳入到学校的学科中长期发展规划中。其次，把慕课引入高等数学课堂教学中；作为教师应当认真学习，尽快掌握，大学数学国家精品课程，世界名校视频公开课和中国大学视频公开课都是我们宝贵的教育资源，而数学教师应该将这些开放的教育资源引入到自己的课堂教学实践之中，提升课堂教学效果和人才培养质量。再次，帮助学生掌握在线学习方法；慕课的快速发展，使在线教育成为现实，但不是每一个学生都能从中受益，慕课的使用不仅需要一定的英语基础，熟练的计算机操作技能，还需要一定的技巧和方法，教师有义务帮助学生掌握在线学习的方式和方法，不断提高学生的学习效率和效果。最后，继续探索高等数学教育模式的创新；将在校课堂学习与在线校外学习这两模式实现有机结合，既保持在线网上获取丰富多样知识资源的优势，又结合课堂学习的特点，强化知识的组成和结构的优化，创新在校学习与传统专业化培养的模式，实现教与学的有机结合创新现有的模式。

第二节　高等数学教学应与学生专业相结合

　　高等数学是高等教育体系中最为重要的基础课程之一，高等数学的知识也几乎会应用到各专业基础技能课程与职业技能课程中。因此，高等数学教学与学生专业的结合，有利于将高等数学课程打造成专业基础课程之一，在高等数学课程中开展专业教育，结合学生专业进行授课，以提升高等数学教学的专业性。本节针对高等数学的教学现状，从学生专业发展角度，探究如何实现高等数学与专业的融合，基于学生专业特点针对性安排教学，以提升高等数学教学的质量。

现如今，高等数学作为基础性课程，在工学、理学以及经济学等发挥着重要作用，应该和专业课程紧密联系，才能促进学生专业课程的学习。

一、高等数学教学与学生专业融合的价值

高等数学课程作为重要的基础性课程，其知识点对学生专业学习尤为重要，无论是电子类专业还是物理类等理工科专业中，学生在专业课程学习中都要运用高等数学知识。实现高等数学教学与学生专业的融合，旨在从各专业对高等数学知识的实际需求，改变常规的高等数学教学方式，突出学生的专业特点，选取合适的教材与教学资源，具有针对性地展开高等数学教学，以奠定学生专业学习的基础。

对于经管类和理工类专业学生而言，高等数学既是一门公共基础课程，也是升学考试的必考科目，在后续专业课程教学中其知识点也会反复出现，学生在高等数学教学过程中，应掌握各种问题的处理技巧，了解数学思想以及逻辑推理方法，以便于学生在后续课程学习中不会太吃力。

所以，高等数学教学应改变传统的知识传授型教学，结合学生专业中的实际问题，将高等数学课程打造成专业基础课程，让学生学会应用高等数学知识，让学生明白自己为什么要学习高等数学以及高等数学在整个教学体系中的地位。

二、实现高数教学与学生专业相结合的教学模式研讨

基于诸多高等数学任课教师的反复思考与讨论，要达到社会对创新性思维以及创新能力的高素质人才培育要求，高等数学应该实现教学方法以及教学手段的改革，并基于学生专业对高等数学知识点的要求，构建新的教学模式。

目前，高等数学教学改革主要是有两种数学教学模式。一是分级分层教学模式，二是与专业课程紧密结合的教学模式。前者的优势在于能兼顾个性差异，有利于促进个体知识水平以及数学能力的提升。在张涛等人对"高数分级"教学模

式的论述中，分层次教学的内容以及方法等，都更加注重个体个性的张扬，以个体为教学主体，重新设计了分层教学目标以及实施策略。后者则是要实现基础课程与专业课的融合，将学生数学能力培养与专业课教学紧密相连，认为高等数学应为专业课程教学服务，应遵循人本原则，从学生成才的主要过程中实现高等数学知识与专业课程知识的融合，引导学生应用数学知识解决专业实践问题。

这两种教学模式各有千秋，无论是哪一种都离不开专业课程与数学课程的配合，而不是只局限于高等数学的这一门课程教学。这就意味着，高等数学教学的改革，不能脱离整个工科专业发展，要在"工科"教育体系整体改革中找好自身的定位，从后续专业课程学习需求、学生现阶段学习水平等入手，将课程教学内容与相应的专业知识点结合起来，从而挖掘高等数学知识的应用价值，保证高等数学教学能满足学生升学、专业学习等要求。

三、高等数学教学与学生专业融合的有效措施

首先，改变学生学习方式，融合专业实际案例。高等数学教学改革面临的主要问题就是学生学习兴趣低下、缺乏科学的学习方法。多数学生缺乏自主性，没有形成优良的学习习惯，在上课期间难以深入地理解课程知识。因此，在教学改革中，教师在解释数学知识点时，可采用专业相关的实例。例如在导数概念部分教学时，针对物理专业的相关学生可用变速展现运动的瞬时速度举例，面向电子专业学生可展示电容元件的电压与电流关系模型，通过不同的实例，引导学生练习专业知识理解导数，并以此促使高等数学教学内容更加贴近专业。

其次，树立专业服务理念，注重课程体系革新。高等数学教师应在融合教学改革中，树立高等数学要为专业服务的教学理念，将高等数学课程的教学目标定位在为专业服务上，并将自身学科优势作为专业课程开展的切入点，以打破高等数学课程自成体系的现状，走出数学学科的局限。高等数学教学一定要走入专业课程体系中，基于数学知识在相关专业问题中的应用，发挥高等数学在专业中的工具性价值，以专业作为课程教学改革的核心，在内容上要有所取舍，以明确各专业中高等数学课程的教学重点。例如，电子专业中，高等数学课程要为电子专业课程服务，针对频率相角关系、感应电动势模型等，讲解导数在电子专业中的应用，通过电路分析探究定积分的应用，在高等数学教学中引入专业课程知识。

最后，结合专业制定教学大纲，实现课程连贯性教学。专业教学中很多课程之间的都是连贯展开的，例如物理专业中的原子物理以及固体物理，还有理论力学、量子力学、电动力学等，高等数学课程与学生专业的融合，也要从后续专业课程的安排入手，制定符合专业知识结构与基础知识的教学大纲，合理安排高等数学的教学内容计划。高等数学教师应深入与专业教师沟通，并从学工处了解相关专业毕业学生的实际工作情况，并根据专业学生发展的实际需求来制定高等数学教学大纲。结合专业实际问题安排教学内容，以便于学生从自身专业角度去学习与应用高等数学知识，切实将高等数学课程与专业课程联系起来，为学生今后专业学习奠定优良基础。

综上所述，基于高等数学课程在专业课程体系中的价值，高等数学教学与学生专业的融合，要引入专业实例，不能孤立数学知识与专业知识，需在讲解高等数学知识的时候，结合相应的专业知识问题，打破课程之间的隔阂。

第三节　高等数学教学设计探讨

本节针对"高等数学"课程教学内容抽象、理论性强等特点，从当前高校"高等数学"课堂教学的现状出发，并结合自身的教学实践，阐述了优化教学设计，提升"高等数学"课堂教学效果的策略。

"高等数学"是全国各大高校必修的一门公共基础课。学习好"高等数学"不但能为学生学习后续专业课打下基础，还能培养学生的逻辑思维、抽象思维以及分析和解决问题的能力。作者结合自己多年的教学实践，针对优化"高等数学"的教学设计，提出了几种行之有效的做法。

一、教学方法与手段设计

（一）板书与多媒体相结合

数学教学是思维活动中的教学，相对于其他学科而言，板书对学生的学习有特别重要的意义。所以大多数"高等数学"教师采取的还是传统的"黑板＋粉笔"

教学方式，但是单纯的板书教学很难让学生对于高等数学产生浓厚的学习兴趣，而完全使用多媒体教学，学生又没有足够的时间去思考和消化吸收。因此，为了更好地促进学生学习，提升教学效果，教师应该把板书和多媒体两种教学方式有机结合起来，并根据教学内容，在授课过程中选择板书教学与多媒体教学相结合。

（二）鼓励学生自主学习

大学生有较多自由支配的时间，而且他们的身心发展已趋于成熟，具有较强的自我控制力。因此，教师应该鼓励学生摆脱之前的被动学习，开始自主学习。教师只是作为学生学习的组织者、引导者和合作者，把课堂还给学生，充分发挥学生的主观能动性。

二、教学内容与过程设计

（一）故事导入，联系生活

教学实践表明，结合具体教学内容来合理地引入数学史中的一些小故事，不仅能调节课堂气氛，还能调动学生的学习积极性，激发学生的求知欲望。下面结合教材中的教学案例来说明。

在讲解定积分在几何上的应用这节课时，可以给学生讲述 CCTV5 百岁山广告背后的一个凄美的爱情故事：52 岁的笛卡儿邂逅了 18 岁的瑞典公主克里斯汀。几天后，国王聘请他做了公主的数学老师。每天形影不离的相处使他们彼此产生爱慕之心。国王知道后勃然大怒，下令将笛卡儿处死，克里斯汀苦苦哀求后，国王将其流放回法国，克里斯汀公主也被父亲软禁起来。笛卡儿回法国后不久便染上重病，他日日给公主写信，都被国王拦截。笛卡儿在给克里斯汀寄出第十三封信后就气绝身亡了。这第十三封信内容只有短短的一个公式，国王看不懂，就把这封信交给一直闷闷不乐的克里斯汀。公主看到后，马上着手把方程的图形画出来，看到图形，她开心极了，因为方程的图形是一颗心的形状。

（二）引入游戏，寓教于乐

考虑到现在的学生都是在"游戏""玩乐"的环境中长大的，如果可以把游戏引入到"高等数学"课堂中，就可以让学生对内容更乐于接受，理解更加透彻。下面结合具体教学内容举教学实例来说明。实例：谁是卧底。高等数学中有一些概念很相似，学生经常容易混淆，弄不清楚它们之间的差异。湖南电视台的《快乐大本营》节目中的"谁是卧底"这个游戏，考验的就是玩家描述相似事物的能力。如果我们把一般游戏里面用的一对事物用数学概念来代替，学生就需要对这些概念的特征非常熟悉，而且还需要分辨出两个概念的差异。学生通过自己的理解和描述找出卧底，赢得游戏，就会对概念的记忆更加深刻，理解更加透彻。比如：（1）游戏中的一对事物为"不定积分"和"定积分"。它们都是积分学的重要内容，两者的特征区别是比较明显的，不定积分的结果是一组函数，而定积分的结果是一个数。（2）游戏中的一对事物为"偏导数"和"方向导数"。它们描述的都是函数的变化率，两者的特征区别是：按照定义的方向来看导数是单侧导数，而偏导数是双侧导数。这样不仅能寓教于乐，还能借此方式大大提高学生的学习兴趣。

（三）抽象内容通俗化

高等数学中的概念和定理比较抽象。教师如果用专业术语来讲授，听起来很高大上，但是学生学起来感觉晦涩难懂，不感兴趣。如果我们改用通俗易懂、形象生动的语言进行讲解，不但能激发学生的学习兴趣，还能增强记忆效果，加大理解力度。长期的教学实践表明，在保证教学内容严谨的前提下，如果把抽象的内容尽可能采用幽默风趣、贴近生活的语言讲得更加通俗化、形象化，学生理解起来会更容易，学习数学的积极性也会更高。

三、考核评价方式设计

高等数学的考核方式主要是以期末考试成绩为主，平时成绩形式化，明显存在重知识，轻能力；重结果，轻过程的现象。在高等数学的教学过程中应重视学生的主动性与参与度，为此将评价分为平时表现、课堂测试、实验报告、期末考试四个维度。平时表现评价，占总成绩的 30%，主要包括平时出勤、课堂表现、课后作业三个部分。对于课堂表现好、积极思考、踊跃回答问题、协助教学的学生应酌情加分以提高学生学习的主动性。课后作业主要考查学生的课外学习情况，对有一题多解、有自己独特见解和解后有反思的同学给予酌情加分以资鼓励。课堂测试评价，占总成绩的 10%。期末考试评价，占总成绩的 50%。以减少期末考试所占总成绩的比重，学生就会重视对平时知识的积累，临时抱佛脚、突击的现象也会相应减少。

教学质量来源于课堂教学效果，课堂教学效果的提升是一个永恒的话题，需要教师在设计教学过程中不断摸索并付诸实践。教师要善于用一些技巧和手段来创设一种轻松、愉悦的课堂氛围，这样才会调动学生学习高等数学的兴趣，使学生的思维处于高度活跃的状态。只有学生从"要我学"变成"我要学"，将思维主动带回到课堂上来，教学质量才会提高。

第四节　管理学思维下的高等数学教学

高等数学教学除了要进行教学，还要做好管理，做好管理就是要做好计划、组织、领导和控制工作，从而为学生的全面成长成才打下基础，为把学生培养成德、智、体、美、劳全面发展的社会主义建设者和接班人打下基础。

一、基本认识

为了把学生培养成德、智、体、美、劳全面发展的社会主义建设者和接班人，为了使学生牢固地掌握数学知识，更有效率地完成数学的目标，数学老师有必要在高等数学的教学中引入管理的理念和方法。

传统的思维认为教师只是一名操作者，而事实上数学教师在传授数学知识的时候，是要履行计划、组织、领导和控制职能的，所以数学教师既是一名操作者，又是一名基层管理者。而教师作为一名基层管理者，要开展工作、做好工作，就要具备相当的素质。而一个人的素质包括品德、知识和能力三个方面。品德方面，教师应该有强烈的事业心、高度的责任感、创新意识、合作意识、竞争意识、实干精神、团队意识等。知识方面，教师应该有专业知识（数学专业知识）、教育学心理学知识、政治法律方面的知识、管理学知识等。能力方面，则需要有技术技能、人际技能、概念技能等。而素质的提高则依赖于学习、培训和个人实践、总结。

在具体的教学实践和管理实践中，应采取以人为本的管理思想，把学生看成一个个有想法、有优点同时有不足的个体来看待，尊重学生，理解学生，引导学生，激励学生，以身作则、身体力行带领学生前进。同时采取必要的量化管理指导思想。

在进行环境分析的时候，我们就会发现，班集体这个组织的外部环境既有国家、社会这样的大环境，又有学校这样的"小社会"环境。众所周知，我们的国家是社会主义国家，是为中国人民谋幸福的国家，我国有 56 个民族，像石榴籽一样紧紧团结在一起，同时我们的民族也打败了国外侵略势力，制造了原子弹、导弹、卫星和高铁等，可以说我们中国人既是勇敢的又是聪明的。而在学校这个相对较小的环境，校园文化中既有社会主义核心价值观思想，又有雕刻在石头上的"问道""弘毅"等中国传统文化的熏陶，还有布置在教学楼走廊上的一幅幅带有名人名言的画框，如门捷列夫的"天才就是终身不懈的努力"等。同时，作为教师，我们还要构建班集体以及数学课堂的组织文化，在上课时提倡爱自学、爱提问、爱记笔记、爱讨论的学风，在学习中提倡疑难困惑处给出明确答案的思维方法，提倡既要总结知识、又要进行题目训练（特别是花一定时间进行难题训练）的学习方法。这样来好好地改造一下学生的学风、态度、思维习惯等。

二、计划

班集体作为一个客观存在，数学课作为学生的必修课，设定数学课的目标是教师的首要任务。不管在任何环境下，目标一定要明确。从知识角度而言，就是传授一元函数的微积分、向量代数与空间解析几何、常微分方程、多元函数的微积分、级数论等。从能力角度而言，就是学生能用所学知识解决问题。数学竞赛是一个很好的测试。从具体素质角度而言，就是要培养学生守纪律守规矩的意识，使其能培养成吃苦耐劳的品质，养成勤于思考、善于思考的品质，培养学生提出问题、分析问题、解决问题的能力，培养学生的团队意识、合作意识、竞争意识以及追求卓越的心理诉求。从分数角度而言，可以让学生自己设置测验和期末考试预期的分数。高等数学课的目标一般与教学大纲一致。而要实现这些目标，就要围绕着以下内容开展工作。

首先，要制订计划，计划是一切成功的秘诀。凡事预则立，不预则废。这就说明了计划的重要性。高等数学课的计划一般体现为一个授课计划，讲清楚总课时、参考书、成绩构成、每节的课时重点等。除此之外，计划还需明确习题练习、测验、辅导答疑等。习题练习需要按照三轮的思路来进行，即上新课时来一遍重点知识练习，习题课来一轮练习，习题课可选择较难点的题目（如南京工业大学陈晓龙、施庆生老师的《高等数学学习指导》的测试题 A）来进行训练，期末前再来一轮习题训练（这一轮可以学生自出题和教师归纳的易错题为重点）。通过习题来解除学生心中知识点上的疑惑，巩固重难点，提高学生的具体素质。测验课应当合理设计，容易题、中等题、难题都有一定比例。辅导答疑要安排时间，既鼓励学生自学查资料，又鼓励学生互帮互助，同时要明确最后不会的问题都可以到老师那里求助，而且一定要解决掉问题。这就是整体计划上的安排。

教师在教学中，可能会遇到一系列的管理问题，如考试作弊、作业抄袭、上课不认真听讲、课后不认真作业、不预习、学生碰到难题不知道想办法解决等。这些问题都需要教师做出决策。教师要经常地提出问题、分析问题、解决问题。在决策并执行的过程中，教师要克服优柔寡断、急于求成、求全求美等不良心理。在制订错误决策的时候，要学会承认、并做出检查、调整和改正，始终不离目标以及为目标而制订各项计划。

三、组织

有了目标和计划，下面就是需要进行一定的组织设计。班集体已经是一个集体了，但是我们可以把班级分成若干学习小组，把班集体建设成一个学习型组织。学习小组的设计原则：目标原则、分工协作原则、信息沟通原则、有利于学生成长和发展原则。目标很明确，前面已经有清晰的阐述。通过第一次测验，选取班里四分之一到三分之一考试成绩相对较好的同学为学习小组长，其他同学根据相互关系分别加入小组长的小组里。班集体数学课会专门建立一个 QQ 群，训练小组长和组员同学的讲题意识。

在建立了学习小组后，要明确小组长的职责。小组长职责：讲解每章的测试题 A，回答组员提出的问题，督促组员认真学习。这个小组长的职责要明确下来并告诉所有同学，确保所有同学都掌握。当然小组长不会的题目，最后都可以找教师来解决，教师是组长和组员的有力支撑。组员的职责：认真听组长讲解测试题 A、搞懂每一道题目，轮流讲解测试题 A，不懂的问题要向组长提问，也可以向教师提问。

四、领导

教师作为一名管理者，也是一名领导者。教师在带领学生实现目标的过程中，要尽力地去调动学生的积极性和把握大方向，并发挥好指导、协调和激励作用。指导学生的学习方法，解答学生心中的疑惑等；学生偏离目标了，要发挥好协调作用，把大家团结起来，好好学习、天天向上；学生遇到挫折、懈怠了，要以身示范激励学生。职权和威信是实施领导的基础。教师的职权是很清楚的。而教师的威信需要教师的品格、知识、能力以及对学生的爱的情感来支撑。教师施加影响也有一系列方法，合理的要求、奖励性的辅助方式、考试不通过的惩罚方式、恰当的说明方式、本人的人品影响、鼓励号召等方式。可以说，方方面面都有可能影响到学生，促进学生内心的变化，进而影响其行为，最终达成目标。在具体的领导中，教师既要关注学生是否完成作业、认真听讲、互帮互助等任务性安排，也要和学生共情、关注学生的所思所想。并通过合适的领导方式，促进学生的任务成熟度和心理成熟度，为完成目标打下基础。

没有信息交流，就没有领导行为。在领导实践中，沟通扮演着重要角色。没有沟通，人与人之间就无法协作；没有沟通，人就无法融入社会。要让学生学会自我沟通。只有更好地了解自己，才能更好地了解他人，才能更好地与人沟通。要提倡学生之间的沟通，教师也要和学生多沟通。沟通时要热情、真诚。教师要学会倾听（听清、注意、理解、掌握），知道学生的疑惑并能解决。班集体数学课堂要建立 QQ 群，便于班级同学相互和师生沟通。

有些学生是理性的，也有些学生的认识暂时还比较肤浅。此时，教师就要做好激励工作，激发学生的好的行为。明确告知学生努力学习数学能够提高推理判断能力，能够提高学习能力，能在掌握数学知识的同时解决一些实际问题；要引导学生的价值观，使其养成勤劳的习惯，要好好学习、天天向上，要爱学习，懂得学习是一个人的看家本领；要鼓励学生敢于施展抱负，使学生明白将来总是要攻坚克难的，那何不趁现在以高等数学为练习，培养自己追求卓越克服困难的品质。何况现在还有老师带着大家一起进步呢？当然，学习成绩优秀也是有奖学金的。

五、控制

计划工作是明确目标并做出整体规划和部署；而组织工作则是为完成目标做好组织结构搭建和明确岗位职责；领导工作则是做好指导、协调、激励工作，而控制工作就是检查、监督、确定班集体和各小组开展活动情况，为实现目标而进行的一系列纠偏活动。没有有效的控制，班集体就可能偏离设置的目标，就有可能完不成目标。学生的素质就不能得到很好的提高。

控制的内容就是我们前面所阐述的目标，就是我们前面讲到的学生自定的分数和教师认为应该达到的分数。而有效控制应该是这样的：鼓励学生自我控制，分数应该是有弹性的，教师对所有的学生都应该是公平的、客观的，控制应该是积极的，是确实为学生的成长成才考虑的，控制应该及时纠正偏差。比如作业不认真做、抄袭了，教师应该明确指出；上课不认真听讲了，教师也应该指出来；组长不讲解测试题了，要询问是否有问题并帮助解决掉。所有的控制行为都来不得半点含糊，教师要老老实实、踏踏实实、勤勤恳恳地去做，教师要多做一些细小周密的工作。对于学生对控制的一些不理解要积极采取对策，要建立合理的控制系统（分数标准、学习态度标准等），可以让学生共同参与目标制订，可以让班长、课代表、小组长都加入控制中。可以采取事前控制、事中控制、事后控制的方法，也可以采取预防性控制和纠正性控制的方法。

为了更好地控制，教师要建立管理信息系统。这具体体现为记分册和学生的目标分数，通过这些分数来发现学生的问题，及时地纠偏。作业做得不好要提醒，没有交的要提醒，做得好的要表扬，考试成绩也要公开。

作为一名高数教师，我们要确定有明确的教学大纲，而为完成大纲要求，除了要认真备课、教学，还要认认真真地做好计划、组织、领导、控制工作，从而为学生的全面发展和成长成才添砖加瓦。

第五节 高等数学教学的生活化

和初、高中数学相对比，高等数学这门课程要求具备较高的逻辑性，其和实际生活关联没有那么密切，也正是因为如此，很多学生在学习这门课程的过程中可能会产生一些恐惧心理，害怕学习这门课程。这种恐惧心理对学生学习高等数学产生消极影响，已经成为高等数学教学中所要解决的重要问题。对此，在本节中重点对高等数学教学生活化进行分析和研究，提出了几点有效开展高等数学生活化教学的策略，期望能够为同行提供一些借鉴和参考。

对于大部分大学生来说，高等数学是他们刚进入大学就要学习一门基础课程，所以高等数学教学是至关重要的，不仅有助于培养学生的逻辑思维，对于学生后续课程的学习也起着至关重要的作用。作为高等数学教师，在对学生进行课程知识讲解之前也一定反复强调本课程的重要性，然而越是强调，学生越容易产生恐惧心理，这对于学生学习高等数学会产生一定的不利的影响。学生之所以会对高等数学课程的学习产生恐惧心理主要是因为这门课程的理论性较高，也就是不贴近学生的实际生活，所以在对学生进行数学课程教学的过程中要怎样才能够减少学生的恐惧心理，让他们学习高等数学变得简单和轻松呢？高等数学教师可以采取生活化教学的方式来对课程知识进行讲解，拉近课程和实际生活的距离，这就可以减轻学生的恐惧心理。在下文中主要提出了几点有效实现高等数学教学生活化的策略。

一、收集与高等数学相关的实例

所谓高等数学教学生活化其实就是理论联系实际，这与中国共产党所提出的理论联系实际的思想路线是一致的，通过将理论知识和实际生活联系到一起可以有效避免高等数学教学思想僵化。所以大学数学教师要多收集一些和高等数学有关的生活实例，并在课程知识讲解的过程中将其和课本中的理论知识进行联系，从而让学生感受到所学内容和生活紧密相关，降低学习难度。因此，大学数学教师在对高等数学知识教学的时候，可以先列举几个和本次所要教学的内容相关的生活实例，这不仅能够增加学生对高等数学的了解和认识，还可以增加课堂教学的趣味性。

二、例题的讲解生活化

通常情况下，数学教师在对学生进行课程教学之前都会对课程的背景知识进行简单的介绍，从而调动起学生对本课程的学习兴趣，但是学生对课程学习的积极性不会简单地因为一次背景知识介绍就持续到课程结束，所以数学教师在课堂教学中还需要采取例题生活化讲解的方式来激发学生对课程内容的学习兴趣，让他们主动参与到高等数学知识的学习过程中。

以高等数学中概率论以及数理统计部分的例题为例，这部分知识理解起来比较困难，这时数学教师可以列举一些学生身边的实际例子来作为题目，以便于学生进行分析和思考。在对几何概型进行讲解的时候，教师可以将男女同学在某一个时间段是否可以见面这个实际生活的问题来作为例题让学生进行分析和练习，通过列举这样的教学例子可以充分激发学生的学习兴趣，引发学生进行分析和思考。另外，在对全概率公式以及逆概率公式进行讲解的时候，为了让学生能够对这两个公式熟练掌握，数学教师可以将学生在学习的过程中的付出和最后取得的成绩作为例子来进行讲解，这不仅可以让学生认识到所学数学知识和实际生活的密切相关性，而且还可以让学生知道努力学习的重要性，进而将高等数学教学生活化，提高课堂的教学质量。

三、选择合理的教材

由于高等数学是大部分大学生都要学习的课程，所以网上有很多高等数学的教材，选择不同的教学课本对学生高等数学的质量也会产生重大影响。这就要求数学教师为学生选择合理的教材来进行高等数学教学。在对教材进行选择的时候，数学教师一定要充分考虑到学生的实际情况，因为数学这门课程本身逻辑性和理论性就比较强，如果还选择一本单纯讲理论的教材会让学生在学习的过程中感觉非常困难以及枯燥无聊，甚至会产生厌倦和恐惧的心理，所以数学教师在对高等数学教材选择的时候，应该选择一本其中既包含必要的定理以及公式，还包括相关的背景知识以及实际生活的案例的教材，这对实现高等数学教学的生活化具有重要意义，同时还可以促使学生在学习的过程中拥有良好的学习体验。

四、认真观察和思考生活

数学教师作为高等数学的教授者，在高等数学教学生活化的过程中发挥着至关重要的作用。为了实现教学生活化，教师需要能够在课堂教学中列举出合适的生活例子，这就需要数学教师能够对生活进行仔细观察和思考，找出和课程知识有关的生活实例，然后在课程教学的过程中为学生进行讲解，让他们意识到高等数学课程与实际生活之间的密切关系。可能在选择和列举生活实例的过程中，不同的人会对相同的一件事产生不同的看法和理解，但是通过列举生活实例可以更加便于引导学生进行分析和思考，提升学生的自主学习能力。此外，学生作为高等数学的学习者，也要对生活进行认真观察和思考，因为教师自身的时间和精力是十分有限的，而且高等数学的实际应用有很多，只是依靠教师来寻找和讲解太过有限，因此，学生必须在学习的过程中多注意观察、多加思考、多问为什么，善于从生活中去寻找问题、发现问题。

综上所述，在过去的高等数学教学中存在较多的问题，这要求数学教师开展生活化教学，从而有效降低高等数学的学习难度，促进学生对课程知识的理解和认识，加深学生对高等数学知识的印象，从而提高高等数学的教学质量。

参考文献

[1] 吴海明，梁翠红，孙素慧作．高等数学教学策略研究和实践 [M]. 中国原子能出版传媒有限公司，2022.03.

[2] 陈业勤著．高等数学课程与教学论 [M]. 西安：西北工业大学出版社，2020.09.

[3] 吴建平著．高等数学教育教学的研究与探索 [M]. 哈尔滨：哈尔滨地图出版社，2020.08.

[4] 李奇芳著．高等数学教育教学研究 [M]. 吉林出版集团股份有限公司，2020.07.

[5] 翻转课堂教学模式在高等数学中的应用研究 [M]. 北京：北京工业大学出版社，2020.06.

[6] 张欣．高等数学教学理论与应用研究 [M]. 延吉：延边大学出版社，2020.

[7] 李燕丽，刘桃凤，冀庚．立德树人在高等数学教学中的实践 [M]. 长春：吉林大学出版社，2020.

[8] 储继迅，王萍主编．高等数学教学设计 [M]. 北京：机械工业出版社，2019.12.

[9] 杨丽娜．高等数学教学艺术与实践 [M]. 北京：石油工业出版社，2019.12.

[10] 江维琼著．高等数学教学理论与应用能力研究 [M]. 长春：东北师范大学出版社，2019.06.

[11] 都俊杰编著．高等数学教学实践研究 [M]. 长春：东北师范大学出版社，2019.01.

[12] 刘江著．高等数学视角下的中学数学教学研究 [M]. 吉林出版集团股份有限公司，2018.12.

[13] 李玲著．高等数学创新教学模式探索 [M]. 中国原子能出版社，2018.09.

[14] 李丽军著．高等学校数学基础课教学研究 [M]. 石家庄：河北人民出版社，2018.08.

[15] 张忠著 . 高等数学教学设计研究 [M]. 长春：吉林教育出版社，2018.07.

[16] 李佳霖著 . 高等数学教学方法与设计研究 [M]. 天津：天津科学技术出版社，2018.07.

[17]（清）京师译学馆 . 数学文化在高等数学教学方面的应用 [M]. 长春：吉林科学技术出版社，2018.06.

[18] 赵丹著 . 高等数学教学理论与应用能力研究 [M]. 吉林出版集团股份有限公司，2018.04.

[19] 柳静著 . 高等数学的教学改革研究 [M]. 武汉：湖北科学技术出版社，2018.04.

[20] 王凤肆，滕吉红主编 . 高等数学课程教学执行计划 [M]. 上海：上海交通大学出版社，2018.

[21] 李光芹，綦明男 . 高等数学课教学中的探究启导型教学法的理论与实践 [J]. 临沂师范学院学报，1998，（第 6 期）：38-41.

[22] 苟敏磷 . 高等数学教学中悖论教学法的实践应用 [J]. 山西青年，2021，（第 17 期）：101-102.

[23] 赵青波 . 探究式教学法在高等数学课程教学中的实践探索 [J]. 当代旅游，2018，（第 7 期）：257-258.

[24] 陈荣 . 试析高等数学案例教学法及其应用实践 [J]. 时代教育，2016，（第 24 期）：40.

[25] 曾玉祥 . 学案教学法在高等数学教学设计中的实践与思考 [J]. 纳税，2017，（第 35 期）：159-160.

[26] 王爽，李秀珍，赵永谦，孙亚楠 . 高等数学数形结合教学法的研究与实践——以山东建筑大学为例 [J]. 山东建筑大学学报，2015，（第 6 期）：600-606.

[27] 吴小腊，李泽华 . 独立学院经管类高等数学案例教学法及实践 [J]. 兰州教育学院学报，2012，（第 7 期）：122-124.

[28] 屈娜，李应岐，刘华 . 探究型教学法在高等数学课堂教学中的实践 ——以 "泰勒公式" 为例 [J]. 教育教学论坛，2018，（第 42 期）：197-198.

[29] 岳川，张健，刘桃丽 . 理论实践融合教学法在软件工程课程中的研究与实践 [J]. 高教学刊，2022，（第 5 期）：62-65，70.

[30] 赵娜，张喜红 . 问题教学法在《医用高等数学》教学中的实践初探 [J].

数理医药学杂志，2010，（第 6 期）：742-743.

[31] 吴照奇，屈泳，朱传喜."情境引入探究教学法"的理论与实践 [J].黑龙江教育（理论与实践），2022，（第 9 期）：50-53.

[32] 刘辉.基于分层教学法的高等数学教学模式构建 [J].黑龙江科学，2018，（第 23 期）：24-25.

[33] 凌春英.基于分层教学法的高等数学课程教学改革研究 [J].黑龙江科学，2018，（第 23 期）：48-49.

[34] 王茜.模块教学法在高等数学微积分教学中的应用 [J].中国校外教育，2016，（第 33 期）：84，91.

[35] 张玉平，董昌州，杜少静.项目教学法在大学数学课堂教学中的研究 [J].当代教育实践与教学研究，2019，（第 23 期）：50-51.

[36] 毛小燕.独立学院工科高等数学有效教学的探索与实践 [J].大学教育，2021，（第 5 期）：102-104，121.

[37] 王静，李应岐，方晓峰.基于智慧教室的高等数学教学实践与效果分析 [J].大学数学，2022，（第 4 期）：64-74.

[38] 王显金.应用型本科高等数学教学中的比喻教学法 [J].普洱学院学报，2016，（第 3 期）：15-18.

[39] 秦素萍.高等数学教学方法的探索与实践——浅谈启发式教学法 [J].河南电大，1998，（第 3 期）：45-47.

[40] 李琳 1，郑爱龙 2.应用型本科院校思想政治理论课模拟实践教学法研究 [J].安徽理工大学学报（社会科学版），2019，（第 4 期）：99-103.

[41] 周艳丽 1，李想 2，侯丽英 1.基于 PBL 教学模式的案例教学法和数学实验在医用高等数学中的应用 [J].上海理工大学学报（社会科学版），2019，（第 3 期）：292-295.

[42] 黄文宁，李群兰."互联网 +"教育下地方高校非数学专业高等数学教学改革思考 [J].教育教学论坛，2020，（第 51 期）：171-174.

[43] 苑倩倩，路振国."课程思政"理念融入高等数学课程教学的探究 [J].赤子，2020，（第 2 期）：104-106.

[44] 王旦霞 1，王银珠 2.基于专业的高等数学分层教学法的探讨 [J].中国多媒体与网络教学学报（上旬刊），2019，（第 9 期）：180-181.